人生如清茶，
细品方知味

终于等到你，还好我没放弃

倪亮／著

南京出版传媒集团
南京出版社

图书在版编目（CIP）数据

终于等到你，还好我没放弃 / 倪亮著. -- 南京 ：
南京出版社，2016.11
（清茶）
ISBN 978-7-5533-1457-0

Ⅰ. ①终… Ⅱ. ①倪… Ⅲ. ①人生哲学－通俗读物
Ⅳ. ①B821-49

中国版本图书馆CIP数据核字（2016）第180757号

书　　名：终于等到你，还好我没放弃
作　　者：倪亮
出版发行：南京出版传媒集团 南京出版社
社　　址：南京市太平门街53号　**邮　　编：**210016
网　　址：http://www.njcbs.cn　**电子信箱：**njcbs1988@163.com
淘宝网店：http://njpress.taobao.com　**天猫网店：**http://njcbcmjtts.tmall.com
联系电话：025-83283893、83283864（营销）025-83112257（编务）

出 版 人：朱同芳
出 品 人：卢海鸣
责任编辑：许小彦
责任印制：杨福彬

策　　划：北京日知图书有限公司
印　　刷：北京艺堂印刷有限公司
开　　本：880毫米×1280毫米　1/32
印　　张：7
字　　数：140千字
版　　次：2016年11月第1版
印　　次：2017年1月第2次印刷
书　　号：ISBN 978-7-5533-1457-0
定　　价：28.00元

营销分类：励志

愿你的等待，遇见花开

经过长途跋涉的旅途，才看到了最美的风景；遇到暗礁险滩时奋力航行，才最终到达彼岸；体验过痛苦，才会知道生命的甘甜。

人生越是不放弃，就不会错过让你心动的人和事，更不会错过一路风景。

坚持内心的期望去等待，不是故步自封，不是守株待兔，而是坚守内心不放弃的力量，执着勇进。像在大雨深处，等待晴天；像在无垠的荒野，等待清泉；像在孤寂的时光里，等待爱情……都是因着一点信念，而未曾放弃。

我们虽脚踏江湖行走于世，有时难免被世俗的欲望、痛苦扰乱心智，但如果你不曾放弃一点机会，不曾停止一日努力，那么你将会收获黎明破晓时的美丽，感受花开时的幸福，享受生命的无限赐予。

因为不放弃的力量，天会放晴，汩汩泉水会喷涌而来，而你会收获爱情，会过上自己梦想中的生活。而当你站在梦想的顶端，站在想要的生活面前，你会发自内心地感谢这个从未放弃的自己，然后内心坦然地说出那句："终于等到你，还好我没放弃。"

也是在这个时候，你回过头去便会发现，当你懂得了坚守、不放弃，所有的等待都是值得的，幸福终会如约而至。

唯愿你的等待，遇见幸福花开。

Contents 目录

Part 01 如果没有梦想，怎会遇见好时光 / 1

用行动让梦想发光 / 2

心寄远方，不害怕风雨兼程 / 7

幸福的字典少不了“梦想”二字 / 10

想做的事情，有时并不难 / 14

上帝不会亏待有梦想的孩子 / 19

不忘初心，方能大有作为 / 22

人生的奇迹，因坚守而来 / 25

没有努力，梦想只能是空想 / 28

抓住实现梦想的良机 / 31

高喊热血口号，从来无益于梦想 / 35

Part 02 不放弃的人生，有无限可能 / 39

不放弃，是最动人的力量 / 40

追梦的道路，需要执着 / 44

你为什么轻言放弃 / 47

对于梦想，唯一可以做的就是坚持 / 51

只有你可以保护自己的梦想 / 56

比一秒再多一秒 / 59

坚定自己的心，坚持自己的路 / 64

坚持自己的梦想，就不必为别人的梦想打工 / 68

坚持最真实的自己 / 71

如果你被击倒 16 次 / 75

Part 03 有个好心态，平凡的日子也能过成诗 / 77
大树倒了之后 / 78
做老好人的代价 / 81
这张心灵的蛛网要不得 / 85
自卑的乞丐与自信的商人 / 89
那只不过是一拳而已 / 91
一滴水汇入海洋才不会消失 / 93
把头抬得太高，就会变得目中无人 / 95
别把时间浪费在后悔的事情上 / 98
总爱抱怨怎么戒 / 102
袜子思维与鸽子模式 / 106
不与别人比较的幸福，是真幸福 / 108

Part 04 用别人给不了的热情，恣意人生 / 113
没有什么困难可以打败一个热情洋溢的人 / 114
用敢于冒险的热情，让生活更宽广 / 118
生活周而复始，热情生生不息 / 123
适时地“喜新厌旧”是一种可贵的激情 / 127
不过无趣的生活 / 130
愿有身心一致的渴望 / 133
培养一种兴趣让自己活得热闹起来 / 136
情调即生活 / 139
梦想是最持久的热情 / 143

Part 05 爱的旅程，终于如愿等到你 / 147
人生只如初见 / 148
在被逼婚的情况下，你就范了吗 / 150
打开心扉，才有可能迎来爱情 / 154
彼此靠近不是为了擦肩，而是为了爱 / 158
是忍耐让爱历久弥新 / 160
遇见之后还有千山万水要走 / 165
爱的保鲜术 / 169
珍惜身边的这个人 / 171
就这样，与爱情一起变老 / 176

Part 06 最好的时光，你如期绽放 / 179
不做下一个谁，做第一个我 / 180
心怀善意，活出个好人格 / 184
用不着跑在任何人后面 / 187
知道自己去哪，全世界都会为你让路 / 190
目标不是目的地 / 193
勇敢去做那个你想成为的人 / 196
别让明天的烦恼苦了今天的自己 / 198
当下的你就是最好的 / 201
喜欢什么，就会成为什么 / 206
悦己，是一种态度——像香奈儿一样做自己 / 210
你就这样惊艳了时光 / 214

·Part 01·

如果没有梦想，怎会遇见好时光

梦想不是陈词滥调，

是最柔软的初心。

回头再看，

生命里那些历久弥新的记忆，

都与梦想有关。

Dream

用行动让梦想发光

有句话说：现实是此岸，理想是彼岸，中间隔着湍急的河流，行动则是架在河上的桥梁。的确，理想固然美好，可它不是现实，想要把自己的想法变成实实在在的现实，我们必须踏上行动的桥梁，否则隔岸相望，理想永远看不清、摸不到。

“行动”看起来只有两个字，可是要做到却很难，因为在人们的思想里普遍存在着惰性，每个人都心存侥幸，幻想着即使自己不去行动，事情也会往好的方向发展，然而事实并非如此。

从前，有一个孤独的人看到了一个关于电话的广告：有了电话，朋友就来！于是，他装了电话，希望朋友跟着来。白天他卖力地工作，回到家之后就整晚歇斯底里地盯着电话机，心想自己肯定错过了不少电话。他仍然寂寞，开始为可能漏接的电话而疯狂！

一天，他从信箱里又拿到了录音机的广告：有了录音机，电话不“漏接”！录音机装了一个星期后，他就把它退了，空空的录音机，让房间看起来更加寂寞。

一个从不到外面结交朋友的人即使装再多电话，朋友还是不会来的，因为他没有行动，他只不过是在等待，等待能够等来什么？答案很明确：什么都等不来，除了衰老。

所以每一个怀揣梦想的人，每一个想要成功、想要改变自己命运的人，都不能只把自己的理想停留在“想”的层面，而应该付出真正的行动。有句经典的话说得非常好：现实是此岸，理想是彼岸，中间隔着湍急的河流，行动则是架在河上的桥梁。

只有行动才能改变现实，只有行动才能实现梦想，即使你只是一个行动起来很慢的人，只要你去做了、去行动了，那么日积月累，你也会取得卓越的成绩。

一家钟表店里，一只刚组装完毕的小钟被放在了两只旧钟当中。两只旧钟看到新来了一个小伙伴，非常高兴。其中一只旧钟对小钟说：“孩子，你可以工作了。不过我有点担心，你走完3200万次以后会吃不消呀。”“啊！3200万次。”小钟一听这个数字，顿时吓坏了，“要我走这么多次，实在是太难了呀！”另一只旧钟看见小钟有点害怕，说：“你别听他的。不用害怕，你只管每秒滴答摆一下就行了，非常简单。”“就这么简单吗？”小钟有点将信将疑，“如果这样的话，那我就试试吧。”于是，小钟每秒钟就“滴答”摆一下，它觉得一点也不难。就这样，一天又一天，一年又一年，不知不觉中它已经摆了3200万次。

从这个小故事中，或许很多人都已经明白了，成功其实并不难，只要有了理想、有了想法，去做就行了，不用觉得成功远在天边遥不可及，更不用怀疑自己的能力。只要做了，我们总能改变一些现实，实现一些想法，离成功更近一些。

大学毕业后，马云当了六年半的英语老师，在这期间他用业余时间接了一些外贸单位的翻译活儿，几年忙下来虽然没挣到什么钱，却闯出了一点名气。1995年，马云受浙江省交通厅委托到美国催讨一笔债务。这趟美国之行，马云虽然没能完成任务，却发现了一个“宝库”。在美国，马云第一次接触到了互联网，之后他到网上为自己的翻译社做了广告，上午10点他把广告发到网上，中午12点前他就收到了6个e-mail，这让马云看到了契机，他当时就意识到互联网是一座金矿。

讨债失败后，马云回到了杭州。他想把中国企业的资料集中起来，然后快递到美国，找专业的设计者做个好一点的网页向全世界发布，然后向企业收取费用来获得利润。马云找了一个同伴，加上他的妻子，一共三人，他们用两万元启动资金租了间房，就开始了创业。这就是马云创办的第一家互联网公司——海博网络。那时候的中国，很多人还不知道互联网到底是什么东西呢，他们认为马云一定是个骗子。但是，马云并没有因为大家的不理解而束缚自己的脚步。1995年，马云把广告做到了中央电视台。当时有个编导见到马云后跟记者说：“这个人不像好人，是不是个骗子呀？”不过马云并没有因此而受到打击，相反他仍然像“疯子”一样不屈不挠地坚持并做着自己认为对的事情，他天天都在提醒自己：“互联网将会是影响人类未来生活30年的3000米长跑，你必须跑得像兔子一样快，又要像乌龟一样耐跑。”

1996年，马云的网络公司不可思议地做到了700万！也就在同一年，互联网渐渐普及了，外经贸部同时也注意到了马云的公司。1997年，马云被邀请到北京，参与外经贸部的官方站点开发，之后马云的创业思路渐渐成熟：用电子商务为中小企业服务。这一次马云说干就干，回到杭州后不久他就创办了阿里巴巴网站。

当初离开北京时，马云对同伴们说：“我要回杭州创办一家自己的公司，从零开始。愿意同去的，只有500元工资；愿留在北京的，可以介绍去收入很高的雅虎和新浪。”经过三天的考虑，部分人同意和马云同行，于是他们决定：“我们回杭州去，一起去！”

几个月后，阿里巴巴网站开始在商业圈中声名鹊起。马云继续乐此不疲地到世界各地演讲：“B2B模式最终将改变全球几千万商人的生意方式，从而改变全球几十亿人的生活！”

之后，正如马云“疯子”一样的行动速度，阿里巴巴也得到了飞速发展，同时马云的财富也随着时间的流逝像滚雪球一样越滚越大，马云成功地成了人们眼中闪亮的创业明星。

或许我们没有马云的机遇和天赋，但只要我们努力，就能有所收获。要知道时间不等人，机会错过就不再来，如果我们都像上述那个孤独人一样相信“有了电话，朋友就来”的话，那我们只会离成功越来越遥远。只有行动起来才能更快地接近成功，哪怕只是像个钟表一样“滴答”，我们也有摆动3200万次的时候。

想要追求诗意的远方，
就要学会扫除心灵的牵绊，
勇敢付诸行动。
不要让我们只赢在了想象，
而输掉了人生。

Dream

心寄远方，不害怕风雨兼程

有人做过一项调查：现代人最怕什么？调查的结果是50%的人表示害怕失败。不可否认，失败是很可怕，但仅仅是怕根本解决不了问题，相反它还会促使失败的发生。

一个人的成功最主要取决于勤奋和毅力，勤奋和毅力从哪里来？强大的内心！只有内心坚强，才不会被困难打败。

有人向一位智者请教怎样才能成功。智者笑了笑，递给他一粒花生，说：“用力捏捏它。”那人用力一捏，花生壳马上碎了，露出了里面的花生仁。智者让这个人再用手搓搓它。那人照做，花生外面红色的种皮被搓掉了，只留下里面白白的果实。智者接着指挥那个人再用手捏它。那人使劲地捏，却怎么也无法把它毁坏。智者在一旁说：“再用手搓搓它。”可是不管那人怎么搓也搓不碎。这时智者说：“虽然屡遭挫折，却有一颗坚强的百折不挠的心，这就是成功的秘密。”

这是一句说起来容易做起来难的话。面对困难的时候，人性的弱点决定了很多人在长期受到心灵煎熬的时候选择了屈服，最后只能得到一个不太满意的结果。可是人们又是那么渴望成功，有的人选择了坚强，于是他成功了！

有个生活潦倒的推销员整天抱怨自己被命运捉弄。圣诞节前夕，家家户户都沉浸在节日的气氛中，推销员独自一人坐在公园里的一张椅子上回顾往事。想起每年的圣诞节他都是孤单一人，既没有朋友，也没有礼物，他沮丧极了。这时候，他看见一个年轻人自己推着轮椅艰难地从雪地上滑了过来。虽然地面很滑，还有一些小坡，但是他依然顽强地转动着轮子试图将自己推上去。周围很多正在玩耍的小孩子看见他笨拙的样子，都笑了。可是这个年轻人并没有理会，他仍然固执地转动着轮子。最后，在一片惊呼声中他竟然翻过了小坡。

推销员被这一幕深深地打动了，如果他是那个坐在轮椅里的人，他想他一定翻不过那个坡。单是那些嘲笑声，就足以让他的内心自卑不已。可是那个年轻人却忘我地前进着，因为他的目标是翻过那个坡，没有什么能阻止这件事情的发生。从此以后，这个推销员一改往日的颓废，奋发图强，终于取得了事业上的成功。

成功不是一蹴而就的，它是一个不断尝试、屡败屡战的过程。我们在通往成功的路上可能会遇到很多困难，但只要我们迎难而上，愈挫愈勇，就有可能接近成功。因为懦弱者永远与成功无缘，成功只属于内心强大、坚忍不拔的人。

1904年，奥斯特洛夫斯基出生在乌克兰一个普通工人家庭里，家境十分贫寒。1917年，奥斯特洛夫斯基开始参加革命活动。1919年7月，奥斯特洛夫斯基的家乡成立了共青团，他成了第一代共青团团员，并参加红军奔赴前线同白匪军作战。在一次激战中，奥斯特洛夫斯基的头部、腹部多处受伤，右眼因为受伤丧失了几乎80%的视力。严重的伤痛使得他不得不离开队伍。然而，伤势刚刚有所好转，他就又回到了为革命服务的队伍中。

奥斯特洛夫斯基先是到一家铁路工厂当助理电机师，后又自愿报名参加突击队，投入修筑铁路的艰苦劳动中。在工地上，他染上伤寒并患了风湿病，常处于昏迷状态。这场大病还未痊愈，他又参加了在第伯聂河抢捞木柴的紧张劳动。在这次劳动中，他的风湿病更加严重，还引发了多发性关节炎、肺炎等。

1929年，奥斯特洛夫斯基不仅双目完全失明，而且全身瘫痪，但他一点儿也不悲观消沉，他说："只要心脏还没有停止跳动，就要让自己做一个对党有用的人。"正是这铁一般的信念和意志支撑着他，他才开始在病床上从事文学创作。1934年，他的小说《钢铁是怎样炼成的》出版并获得了巨大成功。

虽然奥斯特洛夫斯基的一生极其艰难坎坷，但是他不屈不挠，从未向困难屈服过。从奥斯特洛夫斯基的身上，我们看到了生命的真谛，看到了生命不息、奋斗不止的顽强精神，他用生命告诉我们：一个人只有将自己武装到内心，让自己有一颗铜墙铁壁般的心，才能够克服艰难险阻，让生命更有价值！

Dream

幸福的字典少不了“梦想”二字

在别人眼里他是一个傻子，因为他放弃的是别人梦寐以求的荣耀。但在他的眼中，一切荣耀都不及梦想的光芒。梦想在他的胸中，无人可以窃取。

当戴克斯特·雅各拒绝耶鲁大学的全额奖学金时，所有的人都认为他疯了。那是一份多么诱人的奖赏！不止在于金钱的数额，更在于它所能带来的美好未来。周围的朋友都劝说戴克斯特仔细考虑这件事，但他却只是轻松一笑，坦然地摊开双手说：“我要追寻的梦想并不在这里。”

这个年轻人在大家的眼中是如此狂妄无知，众人都在思忖着他即将遭遇的挫折，也许在不久的将来，他会为自己今天的决定而感到后悔。但戴克斯特却义无反顾地开始朝着自己的梦想前进，他知道自己想要的是什么，虽然当时看来梦想还很遥远，但这并没有成为阻止戴克斯特前进的理由。离开学校之后，他从事了很多职业，并且将每一份工作都做得非常出色。起初，戴克斯特做过汽车推销员，勤恳认真的工作态度为他赢得了很多人的信任，他的销售额一度名列前茅，成为汽车公司的明星推销员。后来他又做了利尔斯公司的内部推销员，用自己的成功经验为很多新人提供帮助与咨询，成为大家爱戴有加的好伙伴。此外，戴克斯特还曾经做过建筑公司的定量员。虽然每一个岗位都显得那么平凡，但戴克斯特却依靠着梦想的力量让它们成为自己人生路上一段闪光的旅程，因为他相信自己所能做到的远不止人们所看到的那样。

改变戴克斯特人生的第一桶金来自一罐叫作KOOL-AID 的饮料，他预测到这种饮料的市场前景之后迅速决定创业去做自己想做的事。这种义无反顾的精神在戴克斯特的人生之中不断出现，周围的人也早就接受了这种类似“突发奇想”的激情。而这种口味清新的饮料在推出之后迅速占据了市场，受到很多年轻人的喜爱，KOOL-AID 的成功让戴克斯特真正成为一名他一直向往的企业家。

在饮料企业获得成功之后，很多人以为戴克斯特要开始享受人生了，但对于戴克斯特来说，脚步不应该停在这里。他遇到了忠诚而又能干的合伙人伯德埃，两个人一拍即合，开始了他们第二次的创业之旅。

1965年11月，戴克斯特和伯德埃合伙建立的美国密歇根埃慕卫广告公司成立，这一次创业为戴克斯特带来的改变是巨大的。如果说之前KOOL-AID饮料的成功为戴克斯特带来了第一桶金，那么埃慕卫广告公司则为他开辟了一个金矿，这里面不仅有世俗意义上的成功，更有戴克斯特一直追寻的梦想。经过多年的发展之后，埃慕卫广告公司成为三星级的广告发行商，在全球范围内拥有上万名员工。

戴克斯特的故事被著名的美国励志大师金克拉收录在他的著作之中。在金克拉采访戴克斯特的时候，他说出了那句著名的宣言："谁也偷不走你的梦想。"在戴克斯特身上，最感人的力量来自于他对梦想的追求，从年轻时代开始，他就表现出对美好未来坚定的期待。为了追寻自己想要的，戴克斯特一直那么坚忍不拔地坚持着，从来不会因为诱惑或艰难险阻而放弃自己的梦想，并让这种力量支撑着自己不断前进。

也许"谁也偷不走你的梦想"这句话并不是戴克斯特首创，但他绝对是将这句话贯彻到实践中的一个人。他告诫那些在生活之中艰难跋涉的人们，发自内心的对梦想的期望和坚守便是改变自己力量的源泉，树立自己的梦想并赋予它强大的力量，就算是再厉害的小偷也无法偷走它。在戴克斯特看来，一个人对梦想的追求所实现的远不止自己个人的成功，更有可能为这个时代带来改变的力量。他对金克拉说起过自己坐飞机的一次经历，当他所乘坐的飞机经过尼亚加拉大瀑布的时候，他看到了一幅惊心动魄的画面，巨大的水流从近两百米的高处垂直坠落，水花飞溅起好几百米高。在众人为大自然的神奇而赞叹不已的时候，戴克斯特忽然想到：在几千年前，尼亚加拉大瀑布就已经形成了，如此巨大的水流不停歇地流淌了上千年，但是它所产生的能量却从未给这个世界带来任何帮助。忽然有一天，一个人冒出了一个想法，他用水流下落所产生的能量来推动发电装置，产生了上千万度的电能，为工业文明的发展提供了充足的能量支持。这个世界从此被改变了，人们不仅可以用电灯照明，还可以让火车在大地上奔驰，全新的道路被开辟出来，高楼大厦也拔地而起。电能对这个世界所带来的改变是有目共睹的，而这些改变最初的来源仅仅是一个人利用瀑布发电的梦想。

“这就是梦想的力量！”戴克斯特说，“梦想可以化腐朽为神奇，一个小小的打字员，如果他拥有自己的梦想，也许有一天他会成为改变历史的伟人。而一个没有梦想的人，终其一生都只是一个打字员。也许并不是每个人都能够像大瀑布一样能发电来照亮这个世界，但只要有自己的目标，就可以发挥自己的能量。”

想做的事情，有时并不难

如果生活是攀爬一座山峰，那么担负起你责任的就是登山最有力的腿脚；如果我们的责任是一块土地，那么勇于承担就是播下希望的种子。不管你的困难有多大，只要告诉自己可以胜任一切，就是迈出了战胜困难的第一步。

这真是一次死里逃生的经历，而这次经历也对他产生了很大的影响。他想到自己曾经努力要做的很多事，都是在自认为无法完成的情况之下放弃的，也许再坚持一会儿，对自己多一份自信，他原本可以取得成功。正如同这一夜在那不勒斯海上的戏剧性遭遇一样，如果在危急关头他不相信自己可以做到，不认为自己能够胜任那一次航行任务，也许早就命丧海湾，在即将达到岸边的时候成为一具海上浮尸。

战争结束之后，他退伍回乡。当别人问他有什么计划时，只有高中学历的他却说：“我要成为一个作家。”

周围的人都窃窃私语，连最好的朋友都认为他在说笑。“伙计，我知道你有几斤几两，你绝对不是做这个的料，还是赶紧找一份靠谱的工作养活自己吧！”这种半嘲笑半劝诫的话在他的耳畔不断响起，但他却不为所动，依旧坚持着自己想要成为作家的想法。

他开始笔耕不辍，全副心神创作了很多故事，结果却不尽如人意，他收到的几乎全都是退稿信。但是他相信：当生活出现了巨大的阻碍时，当梦想看上去还离得很远时，也许就是逆转即将到来的时候。他不认为那是自己的错觉，他坚信那一夜海上航行带来的体会：在最黑暗、最危险的时候，也要相信光明就在前方。

在坚持不懈的努力之下，他的稿件逐渐引起了出版社的注意，一些作品也出现在了报纸杂志上。胜利既然已经冒出了一线曙光，他又怎么会轻易放弃呢？通过多年的努力，他终于成为美国最著名的纪实小说家，作品得到很多专业评审机构的肯定。

在某一次为他的长篇小说举办的颁奖典礼上，记者问他事业成功的关键点是什么，大家都以为他会说是母亲的教育或者师长的栽培，但他却出乎意料地说：“促使我获得今天成就的，是‘二战’时期那一夜海上的绝望航行，正是那一次经历让我明白，就算是最困难的时候，也一定要相信自己能够胜任。只要相信，你就可以做到。”

每个人的生活周围似乎都有一堵高墙，为我们制造了一座围城，让你无法发挥出自己的真正潜能，而只能去做一些别人认为你可以做到的事情。这样的围城有时候是主观形成，有时候则是因为周围的人对你的偏见造成，不管它的成因如何，所带来的危害都是相似并且显而易见的。陈规陋俗会限制一个社会前进的脚步，而内心的围城则会限制你成为一个更加优秀的人，会让你放弃原本可以承担的重任，使你内心的声音不再是“我可以”，而是被“我不行”所代替。想要让你的生命价值最大化，想让这一生有所作为，就必须学会突围，从自己的心理堡垒之中发掘出一条捷径。

生活的突围不仅仅在于那些激动人心的重要时刻，更多改变命运的时刻都显得非常细微，当它出现的时候你也许并未察觉，直到回首来时路，你才会发现那一时刻是多么严峻。

在一个小车站里，有一个默默无闻的电报收发员，他每天的工作就是接收上级的命令，然后再翻译、转达给各个部门。这个车站的站长从来都没有注意过他的存在，周围的人也不知道这个人究竟有什么专长。但是机会却总在不经意间出现，某一年冬天，因为大雪忽然降临，道路出现的障碍导致多条铁路阻塞。在抢修的过程之中，这个小站不得不停靠了很多辆车。

当车辆越聚越多的时候，车辆调度便显得极为重要。但当时站长因为一些琐事离开了自己的办公室，没有他的命令，大家都不敢让停靠的火车出发。正在这个时刻，这个小小的电报员站出来说：“为什么不用站长的名义让火车开出去，给后面的车腾出一个位置来呢？我相信如果站长在这里，他一定也会这么做的。”

虽然大家都知道应该这么做，但没有人敢于承担这件事可能带来的后果，大家都不愿因为自己职责之外的事情而带来不可预测的负担。众人都沉默了，有一些人还低声嘀咕着："你一个小小的电报收发员，可以承担这个责任吗？"

"我可以！"在大家诧异的目光中，这个原本默默无闻的电报收发员站起来，坚定地走进了站长办公室，按下了信号按钮。

当车辆拥堵情况终于获得缓解的时候，站长也回到了车站，他听了大家的报告，并没有像别人预测的一样责备这个年轻人太过莽撞，只是轻轻拍了拍他的肩头，说："你为什么敢那么做？如果出事了你认为自己可以承担吗？"

"是的，我可以。"依旧是那么坚定，这个小小的收发员给了站长一个肯定的答案。而站长却只是笑了笑。

在之后的工作中，站长对这个小伙子加倍留心，发现他的工作虽然很枯燥，但他却非常认真并且尽职尽责，就算是自己职责之外的事情，他也很乐于承担。于是不久之后，他就被升任为站长助理，在站长离开车站之后也成了他的继任者。

想要突破人生的围城，告诉别人你可以胜任，并不是一件易事。我们首先要具备认识事态的智慧，理智而谨慎地找到身边隐藏的重重危机，杜绝让恐惧和否定占据自己的内心。其次还要有承担责任的能力和勇气，要依靠自己的意志找到突围的最佳途径。只有做到有勇有谋，才能让你在担负重任的过程之中不负众望，真正成为一个胜任者。

每个人都有最丰满的人生理想，
我们都是自己梦想的主人。
踮起脚尖就能触及阳光，
终有一天我们会站在梦想的领奖台上。

Dream

上帝不会亏待有梦想的孩子

上帝从来都是公平的，从不会让一个人在绝望中死去，除非这个人自己绝望。要知道不是每条路都能通向成功，也不是每一次努力都一定会有好的结果，关键是我们在每一次走到路的尽头时都应该学会转弯，而不是绝望。

《圣经》里记载了一个有趣的故事。

在一次海难中只有一位幸存者，他被海浪冲到了一个荒岛上。每天，他都祈祷有船只经过，可是一天天过去了，却没看到任何船只。

他搭了一个小茅屋，并储存了一点儿食物。一天，当他找食物回来时，发现小茅屋起火了，浓烟滚滚。他绝望得几乎晕倒。他不再去找食物，而是决定结束自己的生命。

第二天早上，一艘驶向小岛的轮船的声音唤醒了他。他不敢相信自己的眼睛，还以为是在做梦呢。这艘船是来营救他的。“你们怎么知道有人被困在这里？”他问营救者。“我们看到了滚滚浓烟，便一刻不停地往这边赶来了。”营救者们回答。

原来，正是那场几乎让他绝望的大火救了他。很多时候，上帝在给你关上一扇窗的同时，会为你打开一道门。

麦士是一位成功的商人，在短短的几年里，他从一个穷苦的农民，一下子跻身富翁的行列。可是，他却患上了白内障，视力严重受损。那段时间里，麦士最想做的事就是读书。可是视力的限制，却让这件简单的事无法完成。极具商业敏锐性的麦士决定找出一个可以让视力不好的人读书的方法。

他研究了近一年，终于在一次探索中发现在纸上印粗线条的斜纹字体，不但有助于视力有缺陷者阅读，还能提高阅读速度。于是，麦士把这组新研究出来的字体整理妥当，计划全面推广。为了更好地工作，麦士在加州自设印刷厂。这种特别印刷而成的书一经面世，就受到了广大读者的欢迎。一个月内，麦士接到了70万本的订单……

这个故事告诉我们，无论什么时候都不要绝望，都不要觉得无路可走。也许，在困难的旁边，上帝早已为你准备了机遇，只看你有没有能力去发现。

当初，史玉柱以全县高考总分第一的好成绩考入浙江大学数学系，毕业后他被分配到安徽省统计局工作，由于工作出类拔萃，他被送往深圳大学进修。进修结束后，他动了经商的念头，为此他怀揣着家里东拼西凑的4000元现金，开始了从商之路。

经过9个月的努力，他开发出了M-6401桌面排版印刷系统，之后他又利用《计算机世界》先打广告后收钱的时间差，给他的“产品”做了一个8400元的广告。13天后，史玉柱收获了15820元的回报，随后又用4000元广告费换来了100多万元的回报。有了资本的史玉柱创办了珠海巨人新技术公司，之后又有了8个分公司，总赢利达3500万元。

1994年，随着新技术的发展，巨人的汉卡失去了存在的意义，如果继续从事软件开发，那么公司肯定要走下坡路，史玉柱大伤脑筋。后经调查，他发现市场上新走俏的产品是保健品，于是他开始把一部分注意力转向了保健品，脑白金项目开始起步。

经过一年多的努力，巨人再次成了保健品业的领头羊，史玉柱也因此被《福布斯》列为大陆富豪第八位。由于史玉柱决定将保健品方面的资金全部调往巨人大厦，保健品业务“失血过多”，再加上管理不善，巨人集团很快就轰然倒塌了，史玉柱也因此背负了2.5亿元的债务。回想起那时的光景，史玉柱曾说，那时候已经穷到把刚给高管配的手机全都收回变卖，而且大家很长时间都没有领过一分钱工资的地步。

史玉柱从各个方面找问题，最终开始了另一段“网络”征程，这一次他又成功了，巨人再次成了网游行业的佼佼者。

史玉柱的成功可以说是一种必然，因为无论他遇到什么困境都从不绝望，他总是能够在一个终点发现新的契机，实现完美转变，从而走向新的成功。

Dream

不忘初心，方能大有作为

“命运掌握在自己手里”，你的生活别人或许可以帮你打理，但在上帝安排的人行道上，你的位置无人可以替代。

这个世界上没有两片完全相同的树叶，也就注定了这个世界上没有两个完全相同的人生。独一无二的生活方式决定了每个人的生活轨迹都不能被复制。

从前，有一只小蜗牛。一天，它问妈妈：“妈妈，为什么我们刚生下来，就要背负这个又硬又重的壳呢？”

妈妈说：“因为我们的身体没有骨骼的支撑，只能靠爬行前进，可是我们又爬不快，而这个壳刚好可以保护我们！”

小蜗牛又问：“毛毛虫姐姐也没有骨头，也爬不快，为什么她没有壳呢？”妈妈说：“因为毛毛虫姐姐能变成蝴蝶，她飞起来，天空就会保护她啊！”

小蜗牛接着问：“蚯蚓弟弟没骨头，也爬不快，也不会变成蝴蝶，他又为什么没有这个又硬又重的壳呢？”妈妈说：“因为蚯蚓弟弟会钻土，如果他钻到土里，大地会保护他啊！”

小蜗牛听了，愣了愣，后来忍不住哭着说道：“我们好可怜啊，天空不保护我们，大地也不保护我们。”

蜗牛妈妈安慰他：“孩子，不要哭，我们有壳啊！我们不靠天，也不靠地，我们靠自己。”

很多时候很多事情都是如此，也许你很羡慕别人有贵人帮助，自己却没有。但是，你忽略了一个事实，那些所谓的贵人都是他们自己争取来的。就像故事中的毛毛虫，它在变成蝴蝶的时候需要自己努力挣破那只束缚自己的茧才能飞起来。

一个人的未来，只能够由自己来掌握。任何一个将希望寄托在别人身上的人得到的都将是失望！

近年来，大学生毕业求职难已经成了一个社会问题。其中固然有毕业人数过多的原因，但也不乏一些大学生对未来抱有太高期望的因素。他们将自己的希望过多地寄托在了老师身上，寄托在了学校组织的招聘会上，很少想过提高自身的能力。

现代社会越来越讲究团队精神，提倡“木桶效应”。木桶效应提倡的虽然是团队素质和能力的提高，但更重要的一点是每个木板为了团队的利益，都需要尽力将自己加长变高。只有这样，才能扩大整个木桶的容量，如果单想靠加长别的木板来提升自己，那是不可能也是不现实的。

木桶效应告诉我们，木桶容量只能由最短的那根木板来决定。为了增大木桶容量，你必须加长自己的高度，才能成功。

由此不难看出，不论是团队的成功还是个人的成功，都需要提升自己的能力，将成功的“责任”挑在自己的肩上，不要依靠别人来帮你承担。只有你自己开始行动起来，别人才可能帮助你。这就是所谓的：“自助者天助！”

松下幸之助是日本松下电器公司的创始人，他甚至被人誉为“经营之神”。高中时松下幸之助读的是寄宿学校，根据安排，自修教室的卫生需要松下和其他几名同学共同负责。但是其他几位同学经常偷懒，以致每天教室的清洁都只有松下一个人做。松下觉得很委屈，就向同乡的一位学长诉说满肚子的怨气。

谁知那位学长听后反应却不大，待松下情绪稳定后，平静地对他说：“只要你觉得那是你的责任和义务，并且你也努力地去尽到了这些责任和义务，不就好了吗？又何必去责备别人呢？”

松下听后觉得学长所言极是，便不再抱怨。不久，那些偷懒没去打扫卫生的同学看他一个人无怨无悔地在忙，便有些不好意思了。于是，他们也逐渐加入了清扫教室的队伍之中。

改变不了别人的时候，请试着改变自己。松下幸之助的学长教给他的正是这个方法。换句话说就是：要想改变现状，就需要将宝押在自己的身上。毕竟，这个世界上唯一一个能让你成功游说并听任你安排的人就是你自己。因此，永远不要把自己的成功押在别人身上，只有你自己才能主宰生命，赢得成功。

Dream

人生的奇迹，因坚守而来

鲁迅先生有句很经典的话："走自己的路，让别人说去吧！"因为每个人的人生观、价值观不同，所以行事也就不同。

有的时候，或许你的行为在别人看来与飞蛾扑火无异，但是只要你觉得那是自己真实的追求就好。事情总是做给自己的，不是做给别人看的，我们没必要为了别人并不一定正确或者并不一定适合自己的那套理论来改变自己。任何时候都要记住：你在乎的只能是自己追求的那些东西，而不是别人的话！

"copycat"，这是硅谷对于中国互联网的第一印象，也是无法改变的事实：模仿战略本身就是商业逻辑在推动。中国互联网发展缓慢，因而注定一开始只能踩着别人的脚印走。王建硕认为"抄袭"的说法其实是误会了中国的创业者："中国的互联网大概比美国晚7年，并不是指技术晚，而是指用户晚。所以中国即使不参照美国，也是按这条路来走。借鉴明明是合理的东西，却不用，那不是傻吗？”

从中我们可以看出，刚开始的时候因为找不到方向、摸不到路，模仿是在所难免的，但是一旦熟悉了路，找到了规律，就需要脱离母体独立行走了。这方面典型的例子就是阿里巴巴，马云从一开始涉足互联网就点明了自己会走本土路线：“我觉得中国一定要有自己的商务模式，是不是ebay我不知道，是不是雅虎我也没有看清楚，但是如果围绕中小企业，帮助中小企业成功，我们是有机会的。”

在中国互联网起始阶段，所有创业者都将发展的方向定格在了模仿上。但是在不断跟随美国乃至世界先进脚步的大环境中，马云能够不顾外界的质疑，一门心思专注在自己追求的方向上，这不能不说是难能可贵的。虽然他后来创办的淘宝和支付宝身上有ebay和贝宝（paypal）的影子，但是至少从整体上来讲，马云走出了自己的个性，展现出了他趋于本土化的商业思维。从商业角度来看，马云的阿里巴巴主要是抓住了小企业营销无门的命脉来获得成功。而向来备受商家争议的淘宝推出的最具杀伤力的免交易费政策虽然最初让很多商家觉得马云是在做赔本的傻事，但最后的结果却显示出马云当初选择的方向并没有错。正是马云的独创让阿里巴巴坐上了电子商务老大的位置。

不是每个创业者都有马云的坚持和判断力，也不是每个人都有马云那种“不在乎别人怎么看，只在乎自己追求什么”的勇气。

绝大多数的创业者不是习惯把外国的成功经验直接搬来了事，就是面对别人异样的眼光选择了屈服，最终走上了大众化路线。事实证明，走大众化路线的结局就是集体走向了一个地方，拼得头破血流地去争仅有的一点地盘和利益。

为了人生的多彩，我们需要发挥自己的特点，走别人没走但适合自己的路。在这个路途中，也许会有人对你的行为指手画脚，但是，请记住：只要你明确了自己的人生方向，确定了自己的人生追求，就不要在别人的指手画脚和异样目光中停滞不前。相反，你该朝着自己心目中的方向努力，一路向前。

Dream

没有努力，梦想只能是空想

因为有太多偶然因素存在，所以谁都不能将努力和成功画上等号。很多时候努力的结果不一定是成功，但是这并不等于说成功不需要努力。努力可能不成功，但不努力一定不会取得成功。

在大洋两岸的美国和日本各有一个年轻人。美国男孩整天躲在租住的地下室里，把无数条股票K线一根根画到纸上，然后贴到墙上，眼睛眨也不眨地盯着它们。他一边仔细看，一边认真思索。后来，他甚至跑到美国证券市场，把证券市场有史以来的所有记录都带回了家，然后在自己那间狭小的屋子里不分昼夜地研究这些数据，努力从中寻找出一些规律性的东西。由于没有收入，他的生活过得非常拮据，有时甚至要靠朋友的接济才能勉强度日。而大洋彼岸的日本男孩每月都把自己收入的三分之一雷打不动地存入银行，虽然很多时候他的日子也会很拮据，但他依然咬牙坚持，照存不误。有时实在坚持不下去了，他宁可借钱也不去动银行里的存款。

6年里，美国男孩集中研究了美国证券市场的走势与古老数学、几何学、星象学的关系，日本男孩则靠顽强的毅力积攒下了5万美元。就在这个时候，美国男孩发现了有关证券市场发展趋势的重要预测方法，从而靠着自己发现的“控制时间因素”理论挣得了数不清的财富。他就是“波浪理论”的创始人威廉·江恩。与他同时代的那个日本男孩则靠着自己在艰苦岁月里仍坚持积累财富的经历打动了一位著名的银行家，从而获得了100万美元的贷款，创立了自己的公司。他就是麦当劳在日本第一家分公司的老板藤田田。

成功没有定式，也无所谓什么方法和途径，这个世界上不存在无缘无故的成功，成功向来都只宠爱那些为之付出过艰辛努力的人。

人与人之间的善意可以如此单纯，
人与人之间的交融可以带来温暖，
梦想的机遇，
有时就在这不经意间到来。

Dream

抓住实现梦想的良机

坐等着幸运从前门进来的人，往往忽略了机会也会从后窗而入。因此，在通往失败的路上，遗失的都是被放弃了的机会。机会这个东西是从来不会等人的，所以当它不经意闪现时，请先将它抓住再说。

约翰·甘布士说：“不要放弃任何一个，哪怕只有万分之一可能的机会。”如果有机会出现在你的面前，请不要因为一时的犹豫而让它轻易溜走。平庸和伟大的差别往往是从能否抓住机会开始的。

闻名世界的牛仔服大王利维·施特劳斯就是一个善于抓住机会的人。当年17岁的利维离开家乡德国，到纽约投靠开布店的哥哥，在这里他对布料有了一定的认识。

三年以后，也就是1850年，美国西部出现了淘金热，当时20岁的利维也受发财梦的驱使加入了这股热浪之中。

然而，当利维只身来到旧金山以后，被熙熙攘攘成千上万的淘金者繁忙的景象吓怕了，他觉得在这么多的淘金大军中，即使挖到金子自己也不可能分到多少，于是他改变了淘金的初衷，决定另辟发财之路。他先是开设了一家销售日用百货的小商店并制作野营用的帐篷、马车篷用的帆布。利维认为，淘金固然能发大财，但为那么多人提供生活用品也是一桩能赚到钱的好生意。

当时的利维并没有意识到，机会正在一步步向自己靠近。有一天，利维正扛着一捆帆布往回走，一位淘金工人拦住他说："朋友，你能不能用这种帆布做一条裤子卖给我？我整天和泥水打交道，普通的裤子经不住穿，只有帆布做的裤子才结实耐磨。"

利维听后，灵机一动，一条生财之道马上闪现在他的头脑中。于是，他立即将那位淘金工人带入一家裁缝店，按他的要求做了两条裤子。这就是世界上最早的牛仔裤。

由于牛仔裤结实耐磨，很快就成为淘金工人的热门货。由此可见，机会来的时候，紧紧抓住它，你就抓住了成功的手。

的确，机会时刻存在于我们周围，只要你肯伸出手，就会抓住它。然而，有许多人只是等待机会的到来，却从不主动去抓住它，并且他们总是怨天尤人，慨叹着命运的不公，疑惑着机会到底在哪里。自信并渴望成功的人却不这么想，即使没有机会，他们也要创造出机会，因为创造比等待更重要。正如拿破仑·希尔所说："聪明人会抓住每一次机会，更聪明的人会不断创造新的机会。"

阿曼德·哈默就是这样一个善于创造机会的人。16岁那年，他看中了一辆正在拍卖的双座敞篷旧车，这辆车的标价却高达185美元，这个数字对哈默来说简直是个天文数字。尽管如此，他仍然紧紧抓住机会不放，向在药店售货的哥哥哈里借款，买下了这辆车，并用它为一家商店运送糖果。两周以后，哈默不仅按时如数还清了哥哥的钱，自己还拥有了一辆车。

通过这次事件，哈默明白了机会的重要性，只有行动，才会抓住机会。在哈默今后的人生中，他一直牢牢记住这一点，并不断地付诸行动。他从不坐等机会的到来，而是不断地创造新的机会。

哈默自从1956年接管了经营不善、当时已处于风雨飘摇中的加利福尼亚的西方石油公司之后，便开始热衷于石油开发事业。石油业的风险相当大，到哪里才能找到石油和天然气呢？哈默的诀窍不同于常人，甚至有些怪僻，他专门在别人认为找不到油的地方去钻探。在被判“死刑”的枯井上架起了钻机继续深探，结果当他在原有的基础上又钻进900多米之后，珍贵的天然气喷薄而出。

当他听说举世闻名的埃索石油公司和壳牌石油公司在非洲的利比亚由于探油未成功而扔下不少废井时，便带领大队人马开往非洲，以“愿意从利润中抽出5%供利比亚发展农业和在国王的家乡寻找水源”作为投资条件，租借了两块别人抛弃的土地，很快又打出了9口自喷油井。

西方石油公司在哈默的领导下，经过二十几年的努力，已经成为一个业务遍及世界各大洲的多种经营的跨国公司，哈默本人也成为享誉全球的企业巨子。

由贫穷走向富裕需要把握机会，机会是平等地出现在人们面前的。在人生中，你能获得特殊机会的可能性还不到百万分之一；然而，机会却常常出现在你面前，你一定要把握住，将它变为有利的条件。对懒惰者而言，即使是千载难逢的机会也毫无用处，而勤奋向上的人却能将最平凡的机会变为千载难逢的机遇。所以不要等待你的机会出现，而要创造机会，直至达到成功。

Dream

高喊热血口号，从来无益于梦想

任何事物的发展都不是一帆风顺的，世界上没有一蹴而就的事情。有了长期的目标，就不怕短暂的挫折，也不会因为前进中有困难就畏缩不前。许多事情，不是一朝一夕就能做到的，需要持之以恒的精神。

一个人要取得巨大的成功，就要确定长期的目标，要有长期作战的思想和心理准备。有了明确的目标，你就有了方向，只要坚持不懈地朝着目标努力，就会一步一步接近梦想。如果你付出的与那些成功人士一样多，宏伟的目标就会变成现实。

一个年轻人问一个功成名就的老人，是什么因素使很多人追求成功却无法成功？老人回答说："模糊不清的目标。"年轻人请他举例说明。他说："就像我刚才问你，你的目标是什么？你说希望有一天可以拥有一栋别墅，这就是一个模糊不清的目标。问题就在于‘有一天’不够明确，因为不够明确，成功的机会就很小。”

望着年轻人迷茫的眼神，老人说：“如果你真的希望买一栋别墅，你必须先想好什么时间买下什么样的别墅，还要弄清楚你想要的别墅的价值。然后考虑市场行情，算出你购买时这栋别墅值多少钱。接着你必须决定，为了达到这个目标，你要做些什么，每个月要存多少钱。如果你的目标这么清楚，并且真的这么做，那么到时候你就会拥有你想要的别墅。如果你只有模糊的梦想，这个愿望就很难实现。”

不仅要有梦想，更要有明确的奋斗目标，用目标为自己铺设一条成功的路。只要坚持不懈地走在自己用目标铺成的成功之路上，即使不能事半功倍，也肯定是一分努力一分积累。不管离目标多远，总能一步一步地靠近目标。否则，宝贵的资源就在不知所措中浪费掉了，经常事倍功半地奔忙，打拼一番后发现只是无用功，得到的只是伤痛和悔恨。我们要做最强的自己，为自己制定明确具体的奋斗目标。不要继续进行无价值的奔忙，不要继续白努力，不要让自己的潜力失去激活的动力。没有及时努力做正确的事，就是在放任错误；没有谋胜的策略和行动，就是在等待和迎接失败。

一位老师告诫学生做事要专心，将来才会有成就，三心二意是做不好事的。为了让学生们有切身的体会，老师让一个学生上台，两只手各拿一支粉笔，在黑板上同时画图：右手画一个方框，左手画一个圆圈。结果，学生画得方不成方，圆不成圆，乱七八糟。

正如这个小故事所言，一个人同时有两个目标，即使只是同时画一个方框和一个圆圈这么简单，却哪个都实现不了。没有明确的目标，相当于有无数个目标。思维容易混乱，没有轻重之分，难以排除干扰，不能集中有限的资源全力以赴。结果只能是一事无成，甚至一塌糊涂。要想控制自己的人生轨迹，就要引以为戒，明确具体地制定自己的目标，不要让目标停留在模糊的梦想状态。如果你觉得自己水平低、能力弱，就更不能忽视目标，不能放松对自己人生轨迹的控制。否则，在人生的大舞台上连跑龙套的机会都很难得到。

比赛尔是西撒哈拉沙漠中的旅游胜地，每年都会吸引大批的观光客，大幅度地拉动了当地经济的增长。但是很久以前，比赛尔只是一个只能进、不易出的贫瘠地方。因为在一望无际的沙漠里，人很容易迷路。一个人如果凭着感觉往前走，只会走出许多大小不一的圆圈，最后的足迹十有八九是一把卷尺的形状。以前，人们没有认识到这一点，所以很少有人能走出去。

后来，一位青年出现了，他发现比赛尔四处都是沙子，一点儿可以参照的东西都没有，于是，他找到了北极星。他一直朝着北极星的方向走，终于成功地走出了大漠。于是这位青年成了比赛尔的开拓者，他的铜像被竖在小城的中央。铜像的底座上刻着一行字：新生活是从选定方向开始的。

“新生活是从选定方向开始的。”你的生活目标选定了吗？你生活中的北极星在哪里？如果你还没有确定，那就尽早选择吧！有句俗话：“三百六十行，行行出状元。”工、农、商、学、兵各大行业中，你确定的人生核心目标是什么？如果你想走仕途，就多了解官场、关心政治；如果你想做学问，就多了解学术前沿、新近成果；如果你想发财，就全力以赴寻找赚钱的机会，努力实现。想要成功，就得全身心地投入实现目标的旅程中。

俗话说“一口气不能吃个大胖子”，如果想实现梦想，光把“梦想”两个抽象的字符当成目标可不行，必须让它形象化、具体化。一味地高喊热血口号，从来无益于梦想的实现，笼统地说“我想要很多很多钱”没有用，你必须明确你渴望得到的财富的具体数额。“买房买车”是目标，“奥运夺冠”是目标，“舍得一身剐，敢把皇帝拉下马”是目标……有了目标的种子才可以孕育出一大片成功的森林。一旦锁定了你的目标，就要为它辛勤地播种、施肥，待它开花、结果，早日实现目标。

·Part 02·

不放弃的人生，有无限可能

内心坚持的东西，我愿意用生命去守护，

不放弃对生活的热爱和执着。

正是这些坚持的力量，

孕育着希望。

只要向日葵不放弃阳光，我便不放弃努力。

等着那一天，我可以坦荡地面对未来，

说一声：终于等到你，还好我没放弃。

Dream

不放弃，是最动人的力量

有人说：“小的时候想当科学家，再长大一点想当老师，再后来工作了想当个有钱的大老板，再后来不知怎么的就没有理想了。”生活中，很多人都是这样，或许是意识到理想和现实的差距太大，或许是被失败所打击，渐渐地，自己也不知道理想丢在了哪里。只是，这样的人生真的没有什么问题吗？

生活中，天资聪颖的人很多，但真正成功的人却很少，究其原因，很大程度上是因为不能坚持自己的理想。而那些能够对理想不抛弃、不放弃的人，即使没有聪颖的天资，甚至可能存在某方面的缺陷，也终有一日会取得成功、梦想成真。

世界第一位女性打击乐独奏家是剑桥郡的伊芙琳·格兰妮。她就是一个对自己的理想无比坚定的人，而她也因此取得了巨大的成就。

伊芙琳·格兰妮出生在苏格兰东北部的一个农场。喜爱音乐的她，从8岁时就开始练习钢琴，并显露出了在音乐方面特殊的天赋。随着年龄的增长，她对音乐的痴爱与日俱增，并决定选择音乐作为自己一生永恒不变的追求。她的理想是成为一名出色的打击乐独奏家，虽然在当时这类音乐家还没有出现。

后来，她不幸地失聪了。可是即便如此，也没有能阻碍她对音乐的热情。为了演奏，她尝试用不同的方法“聆听”其他人演奏的音乐。例如，她只穿着长袜演奏，这样她就能通过身体和想象感觉到每个音符的震动，她几乎用所有的感官来感受着她的声音世界。在从事音乐的道路上，她决定“一意孤行”，决心成为一名音乐家，而不是一名耳聋的音乐家，于是她向伦敦著名的皇家音乐学院提出了申请。

幸运的是，虽然学院以前从来没有一个丧失听觉的人提出过学习音乐的申请，但是她的演奏征服了所有的老师，她得以顺利入学，并在毕业时荣获了学院的最高荣誉奖。而且，她为打击乐独奏谱写和改编了很多乐章，成为第一位专职的打击乐独奏家。

伊芙琳·格兰妮在一开始就下定了决心，决不会因为医生的诊断而放弃对音乐的追求，她相信自己能够在这条路上走得更远，而事实也证明她不但做到了，而且非常优秀。路要靠自己走，倘若伊芙琳·格兰妮在患病后就放弃自己的理想，她完全可以说“我已经与音乐绝缘了”，但是她却并没有把重病当作放弃理想的借口，而是依然朝着理想迈进。

伊芙琳·格兰妮是值得人们尊敬的，她所获得的成功也是理所当然的。她真正做到了对理想不抛弃、不放弃，而这份对理想的坚持让她最终获得了成功。她用自己的经历向我们阐述了这样一个道理——就像巴甫洛夫说的那样：“如果我坚持什么，就是用炮也不能打倒我，而我终将获得成功！”

还记得电视剧《士兵突击》里的许三多吗？那个将“不抛弃、不放弃”的精神融入血液中的士兵，因为这种精神而攀登上了中国陆军的巅峰。同样地，如果我们能对自己的理想不抛弃、不放弃，我们也将拥有不一样的人生。

在人生的道路上，始终牢记自己的理想，不因它难于实现而放弃，不因备受失败的打击而抛弃。请相信，只要朝着自己的理想不断向前，就一定会有好的结果。就像爱默生说的那样：“全神贯注于你所期望的事物上，必有收获。”

生活，就是自己身上有一架天平，在那上面衡量善恶。而对于内心精神的毫不放弃，本身就是最大的善。

Dream

追梦的道路，需要执着

我们身在何处并不重要，重要的是我们朝着什么方向走。只有目标正确，我们的人生才可能是正确的，而任何困难也会因为你的坚持而败下阵来。所以，请执着于心，去坚持自己内心的力量吧！

一个农民，只读了两年初中，家里没有钱供他继续上学了。于是他只能辍学回家，帮父亲耕种那三亩田地。在他19岁时，父亲去世了，还有一位瘫痪在床的母亲。

20世纪80年代，农田承包到户。他把一块水洼挖成池塘，想养鱼。但乡里的干部告诉他，水田不能用于养鱼，只能种庄稼，他只好又把水塘填平。这件事成了一个笑话，在别人的眼里，他是一个想发财但又很愚蠢的人。听说养鸡能赚钱，他向亲戚借了500元钱，养起了鸡。但是一场洪水过后，鸡得了瘟疫，几天内死得所剩无几。500元对别人来说可能不算什么，但对一个只靠三亩薄地养家糊口的人而言，不啻天文数字。他的母亲受不了这个刺激，竟然郁郁而终。后来，他酿过酒、捕过鱼，甚至还在石矿上帮人打过炮眼等，但最终都没有赚到钱。35岁的时候，他还没有娶到媳妇。即使是离异的、有孩子的女人也看不上他。因为他只有一间土屋，随时都有在一场大雨中被冲塌的可能。娶不上老婆的男人，在农村是没有人看得起的。

他还想搏一搏，就四处借钱买了一辆手扶拖拉机。不料，上路不到半个月，这辆拖拉机就载着他冲到了一条河里。他断了一条腿，成了瘸子。而那辆拖拉机被人捞起来时，已经支离破碎了，只能当作废铁卖了。几乎所有的人都认为他这辈子算是完了。但是后来，他却成了一家公司的老总，手中有上亿元的资产。现在，许多人都知道他苦难的过去和富有传奇色彩的创业经历。许多媒体采访过他，许多报告文学描述过他，一时间他成了名人。记者问："在苦难的日子里，是什么使你一次又一次毫不退缩？"他坐在宽敞的老板桌后面，喝完了手里的一杯水。然后，他把玻璃杯握在手里，反问记者："如果我松手，这只杯子会怎样？"记者说："摔在地上，碎了啊。""那我们试试看。"他说。他手一松，杯子掉在地上，发出了清脆的声音，但并没有破碎，而是完好无损。他说："即使有10个人在场，他们都会认为这杯子必碎无疑，但是，这只杯子不是普通的玻璃杯，而是用玻璃钢做的。"

他的回答给予我们更多的启示：要获得成功，就必须有坚持不懈的努力和必胜的信念。抓住每一个机会，总会有成功的那一刻。别人是玻璃杯，容易破碎，所以别人不能成功，只能做一个没有志向的小人物，而你是一只玻璃钢做的杯子，是无论如何也摔不坏的。

在成功的道路上，在创业的进程中，会遇到很多困难、很多讥笑和嘲讽，只有那些能够承受压力和苦难折磨的人，才能轻松地走出困境，笑对人生，才能蔑视一切拦路虎，让困难向自己低头，而不是向困难低头。

不要忘记，只要努力奋斗总会有成功的机会，但是，如果不努力，你一定没有成功的机会。

Dream

你为什么轻言放弃

有句话说得好："今天很残酷，明天很残酷，后天很美好，所以，不要死在明天晚上。"很多时候，我们在目标马上就要实现的那一刻放弃了，当事后回过头来看时，才知道自己只要再坚持一下就能成功，可是后悔已经晚了。

也许，有些时候我们不是没有成功，而是我们将成功想得太美好、太辉煌了，以至于成功即使近在眼前，也会与它失之交臂。这种时候，不妨再多等一会儿，再多观察一下。

居里夫妇在科学上取得了辉煌的成就，然而在他们的探索旅程中，与诺贝尔奖光环相对的是艰苦与辛酸。当他们在理论上推测出了镭的存在并向巴黎大学申请经费进行研究的时候，学术委员会认为他们的推测属于纯理论的范畴，缺乏令人信服的客观依据，因此拒绝提供经费支持。然而出于对自己知识的自信以及对于科学锲而不舍的研究，他们最终决定依靠自己来完成提取。

由于经费短缺，他们只能借大学角落里一间废弃不用的房子进行研究，实验条件之艰苦可想而知。他们没有足够的钱购买半成品矿物，只能自己到工地上拖回沥青、矿渣进行粗炼后再进一步提取。这些笨重的体力活都需要他们自己动手，那可是8吨重的粗矿渣，而他们则要把这些矿渣倒进一个大铁锅中，然后用木棍进行搅拌，无论严寒酷暑，从没有停歇。

这一干就是4年，这4年中他们忍受了别人的种种非议以及身体上的种种煎熬，终于坚持了下来。那一天，他们从8吨重的矿渣中提取出来的镭就要结晶出来了，可是他们等了许久，看到的仍然是一堆没有完全结晶的胶状物体。

失望的居里夫妇只能返回家中，两个人的心情跌落到了谷底。有人在事后开玩笑说，如果当时居里夫人发起脾气，将这点儿物体摔了后再不瞧上一眼，历史恐怕就将改写了。然而真实的历史是，居里夫人回到家后整个晚上都辗转难眠，最后她忽然想到：是不是以结晶或者不结晶为依据来判断这种元素本身就是错误的？如果镭在这种条件下本身就不会结晶呢？毕竟这是一种全新的元素，没有人描述过它。

于是，居里夫妇怀着期待、不安的心情摸黑来到了实验室外，当他们推开门的一瞬间，他们知道，这么多年的努力没有白费，因为放射性物质镭在黑夜中散发着独有的光芒，他们也因此获得了诺贝尔物理学奖，并且名垂青史。

是啊，我们总觉得，成功应该是我们预想的那样闪闪发光才对，可是也许它并没有那么耀眼。成功有时看起来就是那么不起眼，只有当你仔细去观察时，才能认出它的价值。

在美国西部的一个大农场里，正是农作物成熟的季节，农场主雇用了许多临时工来帮助收割，自己则在农场四下巡视。然而就在他中午回到家中准备掏出怀表看时间时，他发现怀表不见了！这一下可吓坏了他，因为那是一块非常名贵的金表，是自己在一个拍卖会上花了好大价钱才抢拍下来的，要是丢了可就损失大了。

于是他马上通知所有的工人停止手中的活儿，一起帮他找怀表，并且提出了100美元的悬赏。这可比干农活划算得多，重奖之下大家纷纷开始搜寻，然而人多杂乱，加上当时农场里到处都乱糟糟地堆着农作物，要找到这么一块比金币大不了多少的怀表谈何容易？

等到日落散工的时候，大家垂头丧气地回到农场主那里交差，并经检查没有夹带后才一个个离开。这个时候，只有一个小孩子还没有回来，他已经锲而不舍地找了一下午。农场主当然不指望一个孩子可以帮助他，他沮丧地放弃了希望。

然而孩子还是没有放弃，他沿着农场主走过的路线仔细地搜寻着，这笔钱对他来说可不是一个小数目。然而等到天色全黑了他还是没有找到，孩子已经完全看不到周围的东西了，他太累了，倚靠在谷仓的墙壁上打算休息一会儿再继续寻找。可是，就在他闭上眼睛的时候，在安静的谷仓中，他听到了表针“滴答、滴答”走动的声音，孩子激动地跳了起来，最后用这块金表换来了100美元的奖赏。

我们追求的成功，就像故事里的金表一样，很多人都在追寻，而它就在那里等着，谁最有耐心，谁就能听到它在寂静黑夜里发出的“滴答”声。

当我们看着前方，觉得希望渺茫，似乎永远不可能到达的时候，要在心里告诉自己，黎明前的黑暗虽然看起来最黑，但黎明确实即将来临，所以，我们要再坚持一下，保持快乐的心情再坚持一下。

Dream

对于梦想，唯一可以做的就是坚持

人生的道路中，坚持自己认为对的事情并不容易，有人成功了，有人失败了。成功坚持下来的人获得了他人的尊敬；被他人的观点影响、被挫折击倒的人改变了自己的初衷，迷失在人生旅途中。

正如尼克松说的那样：“通往成功的道路是迂回曲折的，走这条路的人必须有耐心和毅力，面对非议、挫折要坚持再坚持，才有可能到达目的地。”那些能够成功、有所成就的人都是在不断地坚持自己认为对的初衷之后梦想成真的。

美国著名动作影星史泰龙高中辍学后，一直梦想着当一名演员。可他显然不具备做演员的资质，单看长相就很难让人有信心，况且他又没受过专业的培训，更谈不上天赋。于是，很多人对他说：“嘿，想成为明星，别做梦了！踏踏实实地找一份普通的工作才是你该走的路。”然而，史泰龙并没有因此而改变初衷，坚持认为演艺之路就是他这一生该走的路。

于是，他来到好莱坞，找导演、找明星、找制片人……凡是可以让他当上演员的人都被他找遍了，可是却没有一个人看好他。每一次他都十分诚恳地说：“请给我一次机会，我要当演员，我一定能成功！”可是史泰龙诚恳的态度换回的只是冷漠的目光和嘲讽的讥笑。

不过，这些挫折和打击无论来得怎样猛烈和频繁，都没有让他屈服，他从没产生过“走另一条路吧，或许会更好”的想法。他相信自己选择演艺之路是正确的，一直是正确的。于是，他一次又一次地反省自己，并在一次又一次地自我反省、自我检讨中一点一点地进步。

但他的进步却并未让他获得成功的青睐，在很长一段时间里他身无分文，只好做一些笨重的体力活来维持生计。

在非议、挫折、窘迫的生计的重重打击下，他也曾伤心、彷徨，幸而他坚持了自己的坚持，他仍然坚信自己可以做演员。于是他开始写剧本，并希望可以通过自己的剧本来给自己换回一次当演员的机会。一年后，史泰龙拿着写好的剧本拜访了众多导演，结果几乎不被人赏识。即使有一两个感兴趣的，一听说他要当男主角，也都纷纷摇头回绝。

一般情况下，多数人遭受这样多的拒绝后也该死心了，可是史泰龙却始终认为“演艺之路就是我应该走的路”。他不灰心、不沮丧，反而更加频繁地给自己鼓劲儿：“我能行，我一定会成功！”果真苍天不负有心人，一天，一个拒绝了他20多次的导演对他说：“我实在不知道你是否能演好，可是你执着的精神让我感动，所以，我打算给你一次机会，不过，我要把你的剧本改成电视剧，先拍一集，由你来担任男主角，如果效果好，我们就继续，否则，就请你从此断绝当演员这个念头吧！”

为了这一刻，史泰龙已经准备了整整三年的时间，他告诉自己只能成功，不能失败。于是他就全身心地投入拍摄中。结果，出乎除他本人以外所有人的意料，他成功了！这部电视剧第一集就创下了当时全美国的最高收视纪录。自此以后，史泰龙成了美国家喻户晓的明星。

从史泰龙出色的人生经历，我们不难看出，他成功的关键是因为在残酷的现实中，他坚持了自己认为对的事情。他在这样的坚持中，一路走下去，最终获得了成功。他用自己的坚持树立了高尚的人格，用自己的坚持谱写了动人的生命乐章。而那些连自己认为对的事情都无法坚持的人，可能获得多么辉煌的成就吗？

有一位名叫福尔顿的物理学家，他采用一种新的测量方法得出了固体氦的热传导度，其结果比按传统理论计算的数字高出了数倍。由于两者之间差距太大，福尔顿虽然也认为自己的计算结果是对的，但一想到传统的数据是多么权威，多么被人认可，他就屈服了，最终没有坚持自己的计算结果。

然而，不久以后，美国的一位年轻科学家，采用类似的方法也测出了固体氦的热传导度，其结果与福尔顿的完全一样。虽然与权威数据不符，但这位年轻科学家仍然坚持认为自己的结果才是正确的，并且将测量结果在科学界进行公布，虽然也受到了他人的嘲讽、攻击，但他始终坚持自己的观点，与那些人据理力争，在科技界引起了广泛关注，最终获得了科技界人士的认可，取得了非凡的成就。

如果连自己认为对的事情都无法坚持，那么只能像福尔顿一样与成功失之交臂，又或者碌碌无为地过完一生。只有在重重考验中坚守自己理念的人才有资格像史泰龙、像那位美国年轻科学家一样取得成功。当然，坚持自己认为对的事情，这种坚持并不是盲目的自信，而是在通过理性的逻辑分析、客观的实践验证后证实是对的基础之上的。这样的坚持才是有意义的。

做一个有原则、有坚持精神的人，你会获得他人的尊敬，也会获得属于自己的成功。在坚持中，你所收获的不仅是成功，还有那被磨砺得更加完美的人格、更加坚强的心灵。

向日葵的笑脸告诉我，
只要心有阳光，
努力向上，
人生处处欣欣向荣。

Dream

只有你可以保护自己的梦想

每个人的人生都是一段属于自己的历史，历史的进程是朝前的，所以我们的人生也不可能倒退。因此，不要总是惦记着“回到从前”，因为我们都已经回不去了！

退路是一个非常诱人的词语，因为它意味着我们有后悔的权利，意味着我们还可以再来一次，意味着我们可以回避伤害。对于下棋的人来说，留退路是智慧的表现。可人生不是下棋，我们不能悔棋，不能后退，只能跟随时光走向未来，没有退路可言。所以，不要给自己的人生留什么退路，且不说它是否真的存在。即使存在，也必将会阻碍你前进的步伐，因为你总会想着自己还有另一条路可以全身而退，那么前进的动力自然就没那么强烈了。

公元前1世纪，恺撒大帝统领他的罗马大军准备进攻英格兰。

当时的恺撒充满了必胜的信心，但是那些长途跋涉的士兵却并不一定这么认为。他必须让他们跟他一样不顾一切奋勇向前。为此，他想到了一个办法。

当他的所有将士都抵达英格兰后，他命人将运送的船只全部聚在一起，然后在全军将士的面前用一把火将这些可以运送他们回国的船只烧掉了。

错愕的士兵们在冲天的火光中，听到他们的领袖振臂高呼："我亲爱的士兵们，你们已经看到，现在我们所有的船只都已被烧掉。这就是说，我们已经没有任何退路，除非我们能够将敌人打败！"

士兵们都已经明白，他们真的没有退路了，他们必须成功，否则只能等死。于是这支破釜沉舟的军队在他们的领袖带领下，一路向前，奋勇作战，终于获得了战争的胜利。

我们的人生跟这支军队没有任何区别。只有不给自己留退路，我们才可能变得专注，才可能鼓足勇气去全力实现自己的目标，才能像遇到山洪时那样避开人生当中真正的危险和灾难。

这是一个登山专家的经验，他会告诉你："如果你在半山腰，突然遇到大雨时，你应该向山顶走。"

这时一定有人会问："山顶的风雨不是更大吗？为什么不往山下跑呢？"

登山专家的答案是："往山顶走，固然风雨可能会更大，但是它终归只是风雨而已，不会威胁到你的生命。而你如果向山下跑，那样看上去风雨小些，好像也安全一些，但是如果山洪暴发，你就有可能被活活淹死。”

“对于风雨，逃避它，你只有被卷入洪流；迎向它，你却能获得生存！”这是登山专家的经验之谈，也是伟大的人生哲理。

在我们的一生中，风雨是无处不在、无时不有的。如果见到风雨我们就想往后退，那么势必会将我们推入一个更危险的境地。你要明白，人生的道路虽然有很多，但是属于你的最终也只有那一条。你所谓的“退路”也许是自己走过的，但是它却未必真的安全，你走过它时，它也许风平浪静，但不代表下一刻它不会变得波涛汹涌。而对于你的人生目标，只有乐于迎战、勇往直前，才有战胜困难、夺取成功的可能。

我们的脚步朝着前方，所以我们的目光不能一直盯着以前。人生的路你需要走得专心一点，否则是会摔跟头的！

Dream

比一秒再多一秒

有人给成功下了一个定义，说成功就是不断跌倒再不断爬起来，直到有一天你发现自己爬起的次数比跌倒的次数多一次。事实上呢？的确如此。

很多人成功了，并不是他得到了上天的眷顾，而是他在每一次失败之后都坚强地站了起来。当他站起来的次数比跌倒的次数多的时候，他就成功了。如此看来，成功并不难，只是要求你跌倒的次数永远小于站立的次数，如此而已！而这个过程就是一个改变自己、调整自己步伐的过程。

一只乌鸦打算飞到东方去，途中遇到了一只鸽子。刚好双方都停在一棵树上休息，于是便聊了起来。鸽子问："你这是要飞到哪里去啊？"乌鸦愤愤不平地说："东方！其实我也不想离开这里，可是这个地方的居民嫌我的叫声不好听。就为了这个，我不得不走。”鸽子听了乌鸦的话，好心劝它道：“你还是别白费力气了。我看你如果不从根本上改变自己的声音，飞到哪里都不会受欢迎的。”

如果你对自身的缺点视而不见，只是一味抱怨周围的环境，那你的努力势必将是徒劳无功的。唯一的方法就是将自己变得更好，更接近于成功的标准。包扎伤口，重新审视自己，再站起来轻装上路。

当我们回顾自己那些曾经成功的历程时，是不是发现站起来的次数永远比跌倒的次数多？而当你遭遇失败时，别人最喜欢鼓励你的一句话是不是“没关系，你可以再来一次，别忘了失败是成功之母”。

正因为失败孕育了成功，才显出了成功的可贵，因为它永远都要求你鼓足干劲，再试一次！当你站起来再试一次的次数大于跌倒的次数时，你便成功了。

美国前总统柯立芝在其晚年的人生回忆录中写道：“世界上没有一样东西可以取代顽强和坚韧。才能不可以——怀才不遇者比比皆是，一事无成的天才也到处可见；教育也不可以——世界上充斥着学而无用、学非所用的人。只有顽强和坚韧，才能无往而不胜。”这句话也是麦当劳的创始人雷·克洛克最欣赏的格言。

古往今来，每一位成功人士都经历过痛苦的磨难，他们在痛苦中锻炼成长、锻造出坚强的性格。希腊神话里的勇士要靠一条红线才能成功地走出迷宫，而你的红线就是——坚持！

蓝天白云下，奶牛在河边吃草，牧人在挤奶，三只青蛙快活地在河边嬉戏，一不小心掉进了鲜奶桶中。

第一只青蛙说："我真倒霉，好端端的掉进牛奶里，难怪早上一起来眼皮就跳个不停。"然后它就盘起后腿，一动不动等待着死亡的降临，不一会儿就被牛奶淹死了。

第二只青蛙说："桶太深了，凭我的跳跃能力是不可能跳出去了。今天死定了。"它试着挣扎了几下，感觉一切都是徒劳无益的，于是，在绝望之中沉入桶底淹死了。

第三只青蛙环顾四周，说："真是不幸！可是我的后腿还有力气，如果我能找到垫脚的东西，就可以跳出这个讨厌的桶！"

但是，桶里只有滑滑的牛奶，根本没有可垫脚的东西。青蛙虽然拼命地挣扎，但是一脚踏空，便又落入黏糊糊的牛奶中。它也曾经想过放弃，像它的同伴一样安静地躺在桶底，但是，求生的欲望支撑着它一次又一次跳跃……慢慢地，它感觉到下面的牛奶硬了起来——原来在它拼命地搅拌下，鲜奶变成了奶酪。在奶酪的支撑下，这只青蛙奋力一跃，终于跳出了奶桶。

"要找到垫脚的东西，跳出这可怕的奶桶"，正是这种信念救了第三只青蛙的命。而前两只青蛙一个坐以待毙，一个试了几下没有成功就放弃了。第三只青蛙没有放弃信念，持之以恒，不但逃出了死亡的边缘，还创造了奇迹，制造出了奶酪。

坚持是世界上最简单同时也是最困难的事情，因为人人都能做到，却未必人人都做得到。只有那种即便一件简单事都能坚持做到底的人，才可能有所成就。

苏格拉底是古希腊著名的大哲学家和大教育家，他教学生的方法总是别出心裁。

开学第一天，他对学生们说：“今天，我们只学一样东西，就是把胳膊尽量往前抬，然后再尽量往后甩。”他示范了一下，结果，所有学生都笑了。

“老师，这还用学吗？”一个学生打趣道。

“当然，”苏格拉底很严肃地回答道，“你不要觉得这是件很简单的事，其实它很困难的。”听到这话，学生们笑得更厉害了。

苏格拉底一点也不生气，他宣布说：“这堂课我就教大家好好学这个动作。学会以后，从今天开始，每天你们都要把它做100遍。”

10天之后，苏格拉底问：“谁还在坚持做那个甩手动作？”大约80%的学生举起了手。

20天之后，苏格拉底又问：“谁还在坚持做那个甩手动作？”大约50%的学生举起了手。

3个月之后，苏格拉底又问道：“那个最简单的甩手动作，有谁在坚持做？”这一次，只有一位学生举起了手。他，就是后来成为古希腊另一位大哲学家、大思想家的柏拉图。

坚持到底，就能有所转机。坚持到底，是对自己的梦想负责。坚持到底，是对所有关心你、支持你的人有所交代。跬步虽短，可积千里；蝼蚁虽小，上食尘土，下饮黄泉。这都源自于坚持的力量。

很多人都对未来抱有美好的憧憬，想着在年少轻狂时能有一番作为。但有时岁月无情，在时间的淘洗中，人就如一粒粒小石子，被不断地磨砺着，有的成为顽石，被彻底抛弃，有的颇有际遇，被点石成金！人活在世，都会遇到种种磨难，不同的是有的人抓住了黑暗中的一丝星光，不抛弃、不放弃，最终守得云开见月明。人生就像是一艘行驶在海上的船，当黑夜降临就很容易迷失方向。面对层层迷雾，你要相信总有云开见月明的一天，前提是你要坚持，不放弃任何一丝可以窥探到的光亮。

追求成功的人有很多，最终取得成功的，往往并不是那些天赋异禀、头脑聪明的人，而是锲而不舍、坚持不懈的人。所以，千万别仗着自己有点小聪明就半途而废，即便在外人看来你的坚持有些“傻气”，也要“傻”着坚持下去，能够笑到最后的人才是笑得最美的。

Dream

坚定自己的心，坚持自己的路

爱默生说：一个朝着自己目标永远前进的人，整个世界都会给他让路。这是一份难能可贵的勇气，更是一份对于梦想的坚持。生命旅途中，努力攀登还是自由坠落，皆取决于我们自己。

坚持走自己的路，是勇气、是魄力、是自信。因为坚持，不怕失败；因为坚持，不会气馁；因为坚持，直抵成功。抵达成功的时刻，回首过去，会更加珍惜这种坚持。

那是1982年春天一个阳光明媚的日子，在罗马尼亚郊区的一座监狱里，一个女孩的心情十分痛苦。这个女孩非常像男孩子，她写了一本揭露罗马尼亚现任政府腐败行为的禁书——《低地》。在这本书中，统治者丑恶的嘴脸在她的笔下毫无保留地揭示了出来，这本书在推出以后受到了前所未有的追捧，而这也正是她被捕的主要原因。任何统治者都不允许并且也不喜欢这种藐视政府的行为，更加不容忍这样毫无顾忌、无法无天的作者。

就在这本书出来没多久，当局政府开始紧锣密鼓地寻找各种证据，以便可以正式批捕她，以此来警告那些对政府有敌意的人。她不停地哭泣着，瘦弱的身躯似乎经不住这人世间的狂风暴雨、电闪雷鸣，但她仔细想了想，心里的正义顷刻又战胜了邪恶，自己只是做了该做的事情，没有做错任何事情，她相信上帝也会帮助自己的。

就这样不停地想着，她开始寻找任何一个可能逃出去的机会。外面，她的爱人正在橡树下期盼着她。

在这里待的时间长了，经过她的观察，她终于发现这座监狱的一个漏洞：有一扇小窗户，居然没有安装玻璃。以她那瘦小的身材，完全可以让自己逃离这苦海，她万分惊喜地感谢上帝为自己留下了一扇救命的窗，一条可以逃生的路，她花了很多天寻找时机，终于机会来了。这一天中午，守卫都去吃饭了，她乘这个机会将自己的身体缩成一小团，然后艰难地钻出了窗户。随即她拼命地向前跑，不管前面等待她的是什么。

但上帝似乎跟她开了一个玩笑，上帝为她开错了窗，她稀里糊涂钻进的地方竟然是政府军的司令部。那些政府高官们，正在商量着给她定什么样的罪，旁边的桌子前摆着她的大幅画像。此时，她却意外地出现了，这令现场所有的人吃了一惊，后来这些人将她关进一座更加牢固的牢房里。好不容易逃出去，居然又进了铜墙铁壁，她的心情糟糕到了极点，恨不得马上死去，免得受罪。

她本以为自己没有了任何出路，在这样一座坚不可摧的牢房里

使沙漠如此美丽的，
是它某处隐藏着一眼泉水。
而人生的美丽，也在于隐藏在内心深处的那眼泉水，
它汩汩流淌，昼夜不息，
让我因着热情和信仰，不停追逐。

不可能有任何机会，她发疯似地在地上打滚，失魂落魄的样子令人怜悯。一连好几天，她一直在想如何结束自己的生命。因为她实在不想受到这样的折磨，不想再活下去了。

随后她又一想，不行！自己的爱人一定在等着自己，哪怕有一线希望，她也要设法逃出去！自己并没犯任何过错，有错的是昏庸和腐败的当局政府。

无形的力量促使她开始振奋起精神来，她不停地敲打着天花板、拼命地踩着泥地，期盼着能够找出一条逃生的出路。她不相信上帝不帮自己，上次上帝开错了一次窗，下一次就不会开错。

经过她仔细寻找，终于发现地面上有一处稀松的土壤，随即便开始挖掘。经过三天努力地挖掘，她找到了一条狭小的隧道，勉强可以容下自己的身体，她不顾一切地钻了进去。后来经过八个小时的努力，她终于逃出了魔窟。她，就是赫塔·米勒。

赫塔·米勒，这个饱受争议的德国籍作家，于2009年10月获得了诺贝尔文学奖，她的代表作品有《我所拥有的我都带着》《光年之外》《行走界线》《河水奔流》《低地》等。诺贝尔文学奖评审委员会称其“以诗歌的凝练和散文的率直，描写了失业人群的生活”。她的成功，源于她的那份坚持。

上帝偶尔也会打个盹，错开一扇窗，如果这时候你认命了，人生便会沿着错误的方向走下去，不能回头。如果你不服输，坚持走自己的路，用自己的智慧和双手打开另一扇窗户，就是上帝也拿你没有办法。因为，上帝也喜欢永不放弃的人。

Dream

坚持自己的梦想，就不必为别人的梦想打工

坚持一下，谁都能。坚持一年，很多人就做不到了。坚持每一分每一秒，谁能做到，谁就能铸就奇迹。我们总是感慨自己不能达成一些想法，那是因为我们没能坚持。千里之堤毁于蚁穴，就是因为蚂蚁每一分每一秒的坚持。

生命就在坚持的一分一秒，不同的命运，不同的前程，不同的机遇，看似不同，其实早已经在这一分一秒中发生改变。想要超越自己、突破自己，坚持每一分每一秒，就是最行之有效的方法。

李彤在一家广告发行公司工作。平时工作的办公室看似风平浪静，实则不然，人事关系相当复杂，俨然一个小战场。在这烦闷的环境中，李彤却是个特例。外表温文尔雅的李彤特别喜欢开玩笑，性格直爽开朗的他不仅和每个同事的关系都很融洽，而且还深得老

板的喜欢。

李彤是负责具体广告业务的，不过他做业务的方法却和别人不一样，他很少像别人一样四处忙碌。平时大多数的时间，他只是坐在办公室里泡杯茶打打电话，像和自家人唠家常一样和客户们聊上一阵，一个月的任务额基本上都有了着落。让同事们最眼红最佩服的是他的客户大部分变成了他的朋友，聚会叙旧的时候就把生意基本谈妥了！

再平静的大海，也有掀起波澜的时候，李彤的事业也是这样。本来和一家公司谈好了合作事宜，可奇怪的是对方临时改变了主意，到了嘴边的鸭子又飞走了。后来老总知道这是竞争对手暗中做的手脚之后，非常苦恼。要知道那笔订单对公司的意义非同小可，顿时办公室的气氛突然凝重了起来，李彤更是整天愁眉不展。

周末休息时，一个吃过晚饭外出散步的同事忽然发现李彤正和几个老板模样的中年人勾肩搭背地从一家酒店出来，喝得酩酊大醉的他把对方送走之后忽地一下瘫坐在地。同事看见后连忙跑过去扶起他，掏出纸巾帮他擦擦嘴巴。他醉眼朦胧地望着同事，满嘴胡言乱语，连人都认不出来了。幸好同事去过他的家，费了好大的力气才把他送回去。

周一上班的时候，同事正琢磨着李彤为什么还没有来，老总却满面春风得意扬扬地走了进来。从他的叙述里，同事们才知道李彤为了重新把订单抢回来付出了很大的努力。他先是找到对方公司里负责这个订单的人。这个负责人也是李彤的老朋友，在喝酒聊天中李彤套出了他们老板的行程，然后顾不得自己那已经翻江倒海的胃，准时出现在对方老板出差的航班座位旁边！对方老总被他的举动打动了，当飞机降落的时候，李彤替公司重新抢回了这个意义非凡的订单。可他自己却因为胃出血，躺进了医院。

同事特意向老总请假买了果篮，跑到医院去陪他。躺在病床上的李彤脸上仍旧挂着孩子般的笑容。同事指着他的鼻子骂道："你至于那么拼命吗？老板给了你什么好处？"听完同事的话，李彤的脸上忽然出现了从来没有过的严肃："我这么做不是为了别人，而是为了自己。"看着同事满腹狐疑的样子，李彤坏坏地笑了笑，继续说道："每个人都应该尊重自己的职业！我们虽然是拿着别人的工资，但我们却是在给自己打工，在给自己的未来打工！所以我们要坚持做好每一份工作，只要事情还有一点转机我们就必须用尽全力。"同事惊讶地看着他，刚刚还在心里琢磨着如何挖苦他，如今却被他的话深深地打动了。

李彤说："我也会迷茫，也会彷徨，但我知道生命就是坚持的一分一秒。生活中有太多的无奈，我们无法选择自己的人生，却能选择如何去坚持走好这一生！"

刚刚踏入社会的我们也许走过弯路，也许做过傻事，这一切都不算什么，怕就怕你在接连的打击下退缩了。为了生存，人人都披上了圆滑的外衣，戴上了冰冷的面具。这也不重要，只要心还是暖的，只要不放弃，那我们就算对得起自己。

Dream

坚持最真实的自己

真实的自己有多重要？真实的自己，一定是快乐的，是简单的，是随性的，绝不是被金钱和利益所包裹，被房子和车子所驱使，被无良的风气混淆了视听的。“人生最大的悲剧在于用一生的时间在寻找，结果却发现找到的并不是自己想要的！”一位名人如是说。

荷兰伊拉斯谟大学对中国人做了几次关于幸福指数的调查，调查显示：从1990年到2010年，中国人的幸福感持续下降。原因何在？现代中国人大多没有为自己而活，换言之，我们做的，并不是真实的自己。

做真实的自己，能听到花开的声音，嗅到泥土的芬芳，因为那是生命最原始的颜色，能让人拥有无比的快乐，只有和真实的自己一起前行，才能发现人生的真谛。

1957年，泰国的一所寺院面临迁址，其中一群僧人负责搬运一尊巨型泥塑佛像。搬运途中，僧人发现了问题——佛像表面有一条细细的裂缝。因为担心毁坏佛像，所以他们决定暂时停工。有一位僧人显得更加紧张，他拿着手电筒到佛像跟前细细检查，当手电筒的光束照到裂缝上时，僧人的眼睛被反射的光线灼了一下，在好奇心的驱动下，他用小锤子和凿子一点点剥去佛像身上的泥，佛像的光亮逐渐显露出来。原来，这尊佛像竟然是一尊巨大的金铸佛像，举世罕见。根据历史学家推断，当年僧人一定是为了保护佛像不被盗取，所以才将佛像泥塑了起来。时至今日，佛像的价值才被真正发现。

很多时候，“外壳”是保护一个人免受外界伤害的有力工具，可也是因为“外壳”的存在，一个人的内在被完全隐藏起来，而隐藏起来的，正是他真正的价值所在。

朱启南的父母都是本本分分的农民，没有读过什么书，所以，作为父母，最大的心愿，就是希望孩子可以读书，这样才能走出贫瘠的农村。父母为朱启南做出了最大的努力，交了高额的“择校费”，就是为了能让儿子去城里更好的学校读书。之后，为了给朱启南积攒学费，他的父母一起跑去很远的广州做小生意，尽管生意难做，可是他们依旧在努力地坚持着。

1999年的那一天，父母永远都记得。这天，夫妻二人接到学校的电话，里面只说“有件很重要的事情”要和他们商量，就是这件事情，改变了夫妻俩最开始的想法，也改变了朱启南的一生。

回到了温州，来到学校，他们才知道，原来，朱启南已经偷偷在体校学习了一年多的射击，体校教练对他的潜质大加赞赏，而朱启南自己也表示对射击很感兴趣，甚至树立起远大的目标，所以这次叫朱启南的父母回来，教练是想劝他们让朱启南就此学习射击，彻底进入体校学习。无疑的，这样的选择和朱启南父母最初的意愿相距甚远，他们犹豫了，他们怎么才能知道究竟哪种选择的结果更好呢？终于，到了决定的时刻，他们最后做出了这样的选择——尊重孩子，让他做最真实的自己，按照自己的想法，决定自己的人生。他们对朱启南说："去吧，走你想走的路，怎么想，就怎么做！"

事实是，朱启南用奥运会冠军回报了父母。2004年雅典奥运会上，他夺得了男子十米气步枪的冠军。这样的时刻，他无疑最感激自己的父母，因为是父母成就了他"真实的自己"。不同的选择意味着不同的人生道路，无论是哪个领域的人，但凡想要有所成就，都要听从自己内心的声音，根据自己的兴趣爱好调整自己的人生方向，这样才能做出成绩。

自己才是最了解自己的人，做真实的自己，听从内心的声音，从而做出没有遗憾的、正确的选择，这样，使我们向成功又靠近了一点点。

做真实的自己，不媚俗、不沉沦，种下幸福、收获幸福。想要活得精彩，就一定要卸下面具，与众不同的特点会让你从此改变，真正掌握自己的命运。

在时间的大钟上，
只有两个字：
现在。

Dream

如果你被击倒16次

成功的人也好，成功的企业也好，之所以成功，一定是经历了比别人更多的挫折。因为生活是一个概率的游戏，栽的跟头越多，学的教训越多，下一次出击会更漂亮，更有希望成功。

一位父亲很苦恼：他的儿子已经十五六岁了，可是一点男子汉气概都没有。他去拜访一位禅师，请他训练自己的孩子。禅师说："你把孩子留在我这里，3个月以后我一定可以把他训练成真正的男人。不过，在这3个月里你不可以来看他。"父亲同意了。

3个月后，父亲来接儿子。禅师安排孩子和一个空手道教练进行一场比赛，以展示这3个月的训练成果。教练一出手，孩子便应声倒地。他站起来继续迎接挑战，但马上又被打倒，他又站了起来……就这样来来回回一共16次。

禅师问父亲：“你觉得你孩子表现得够不够男子汉气概？”

父亲说：“我简直羞愧死了！想不到我送他来这里受训3个月，看到的结果是他这么不经打。”

禅师说：“我很遗憾你只看到了表面的胜负。你有没有看到你儿子那种倒下去立刻又站起来的勇气和毅力？这才是真正的男子汉气概啊！”只要站起来比倒下去多一次就是成功。

职场竞赛不是短跑而是一场马拉松，所以比赛比的不只是爆发力和勇气，更重要的是韧性、坚持不放弃、拼搏到底活下去的勇气，虽然前者在某一个阶段会很重要。无论是对我们个人而言，还是对一个团队、一家公司来说，成功就是每一天进步一点点，能够屡败屡战，只要在最后的对手倒下后依然屹立不倒的就是胜利者。

·Part 03·

有个好心态，平凡的日子也能过成诗

人无法靠心情活着，而要靠心态。

生活中的疾风骤雨、平淡琐碎，

都需要好心态来支撑，

唯有好心态，方能把握命运。

我们路过不同的风景、不同的人，

之后，才明白，人生最重要的是内心的从容。

而人生路漫漫，让我们用好心态将日子过成诗。

Dream

大树倒了之后

虚荣是指表面上的虚假荣耀，是本身不存在的好的事物。心理学上认为，虚荣心是一种被扭曲了的自尊心。

一个人家道败落，但他不愿让别人知道，于是还装作以前富有的样子。本来已经吃了半个月素，出门之前却非要用猪油抹一下嘴，对人炫耀自己吃的是猪肉。一个大冷天，他穿着仅有的单衣、空着肚子去别人家串门，正赶上主人在吃饭。主人问他要不要吃点，他很想吃，却又死要面子，于是回答说："我吃过了，吃的是肉呢。"主人又说："你穿得少，来烤一烤火吧。"这人虽冷得直打哆嗦，却拒绝了主人的好意，说自己暖和着呢，结果在回家的路上冻死了。

这个故事虽然有些夸张，但是它却很清楚地给人们指出了生活中的一种典型现象，那就是"死要面子活受罪"。

从某种意义上讲，有虚荣心的人多多少少都有一些上进心，因为渴望成功，所以才把自己装成很成功的样子。如果只是为了显摆，而不是为了改进自己，那么虚荣就失去了积极的意义。就这一点来讲，一个想要实实在在改变自己生活状况的人，只有做出实实在在的事，付出实实在在的努力，才可能改变并实现一些东西。否则，如果他不能丢掉虚荣的架子，不能实实在在地去做事，就永远达不到自己理想的状态。

一个人做生意赔了钱，落魄了，可他并不想让朋友知道这一点，所以依然维持以前的做派，大宴宾朋。

他租豪华车去接送客人，让表妹穿上女佣的衣服来服侍客人，请朋友们尽情吃喝。每次宴会结束之后，大家一如既往地称赞他的慷慨，可是他本人却总感觉到朋友们看他的眼神有些异样。对此，他感到迷惑不解。

有一天，他走在街上，看见工人们正在把被台风刮倒的树扶正。工人们拉响电锯，正把小树上那些枝丫全都锯掉。

他一下子来了兴趣，就走过去问那些工人，为什么要把树枝都锯掉。工人回答道："倒了的树，如果维持原有的枝叶，怎么可能扶得动呢？"

是呀，一个人倒下了，如果还维持站立的姿态，不弯下腰去怎么才能站立呢？

他深受启发。回家以后安下心来，把那些浮华的东西全丢掉，本本分分地做起了小生意。他以低姿态去拜访以前商界的老友，加上之前口碑不错，朋友们也都愿意帮助他，于是没多久，他又在商场上站立起来。

尽管他现在有了些钱，可是他永远记得那个锯树工人的话：“倒了的树，如果维持原有的枝叶，怎么可能扶得动呢？”

人无论在任何时候都要敢于直面自己、正视自己。如果你的形象和心中的愿望相差太远，那就说明你还有很大的提升空间，你还有很多事情要做，还有很多努力要付出。

相反，如果人们因为面子而不敢正确地面对自己，甚至隐瞒真实的自己，一旦一个人把太多的精力放在掩饰真相、维持假象上，那么他就没有足够的时间来完善、改变真实的自己了。

Dream

做老好人的代价

做“好人”固然能够让你成为他人交口称赞、热烈欢迎的人，但需要分清楚“好人”与“滥好人”的区别。要知道，做个“滥好人”不仅不会得到他人的称赞和认可，而且还会让自己陷入窘境。

在人生的舞台上，每个人都带着彬彬有礼的笑容费力演出，希望塑造一个良好的个人形象，让自己的人生之路可以走得更加顺畅。然而，是不是一味地做一个“好人”就能拥有美好、顺畅的人生呢？是不是因为你是一个“好人”，别人就能够接受你而不给你添堵呢？其实不然。

试想，假如你的身边有一个机灵且富有亲和力、乐于助人的“好人”，无论什么时候他总是一副“没有问题”好脾气的样子，那么你愿意与他亲近、相处，甚至将他作为倾诉的对象是很自然的。但是如果他不分亲疏远近、身份地位，对谁都是一副好得不得了的样子，甚至对正在算计、陷害他的人也是如此，又或者对下属也好得像当长辈一样供奉的时候，那么你还敢对他说什么知心话吗？你肯定怕他将你的知心话泄露给他人，毕竟他对谁都是那么好，说不定你还会觉得他“缺心眼”！

“好人”与“滥好人”的区别就像《红楼梦》中的薛宝钗和贾迎春一样。下面就让我们以红楼中的二位金钗为例来说明一下吧。

贾迎春在贾府大家族中是一个柔弱、与世无争、与人为善的女人。她对生活没有过多的要求，即使被别人欺负到头上，她也很“好人”地退让，真正是逆来顺受。她的奶妈把她的攒珠垒丝金凤首饰拿去赌钱，她也本着与人为善的心不愿追究。丫鬟看不过眼，替她追回，她却说：“东西没有了就没有了，不与人置气就好。”就是这样的一个“好人”既不会给谁带来威胁，也不会招他人不痛快，却惨死在了丈夫孙绍祖的手中，落了个“叹芳魂艳魄，一载荡悠悠”的悲惨下场。

而薛宝钗呢？她同样是他人眼中的好人，她冰雪聪明、善解人意，待人虚怀若谷、非常宽容，颇有长者风范，也是全府上下所有人眼中的好人，但是她却从不好得过度，她威而不显、从时而发，让人觉得她好的同时又多了几分敬畏之心。她深知“幸于始者怠其终，缮其辞者嗜其利”的道理，所以她待人处事顺乎时势、合乎人心，让众人心服口服，是个绵里藏针、既善且威的女人。她不仅有“好”的一面，也有“严”、甚至是“坏”的一面，也正是因为如此，她才八面玲珑、左右逢源。其人生的结局虽然说不上有多么幸福，但的确是十二金钗中算得上好的一个。

贾迎春是个“滥好人”，她希望通过这样的方式让自己活得舒服一些，却也因此丧失了保护自己的能力，最终被虐而死。试问，如果贾迎春能够做一个像薛宝钗一样的“好人”，在待人好的同时也懂得顺势地“坏”，在奶妈、丈夫欺辱自己的时候敢于与之抗衡以保护自己，她还会是那样的下场吗？

生活是现实的，也是残酷的。它充满了竞争，甚至是弱肉强食。做一个“滥好人”虽然能够减少他人对自己的敌意，但同时也主动地缴降了自己的生存空间和尊严。因此，“滥好人”是做不得的。做一个“好人”，用好脾气打造自己的亲和力、消除他人的敌意；同时也要做一个有脾气，懂得保护自己，为自己争取正当权利的人。具体地说，我们不妨做一个像下面张子扬一样的“好人”。

张子扬是一家公司的文职人员，无论在公司内外他都是一副笑容可掬的样子，让人情不自禁地想亲近他。无论谁找他帮忙，只要力所能及他都不会推辞。而他在工作中也得到了同事们的广泛协助，比如他急需复印一份文件，但复印机有同事正在使用，只要他开口，对方绝对乐意让他先用。因为他与人为善、好说话，一副没有攻击力的样子，所以大家也善意地对他。然而，这样的老好人也有着另一番模样。

这天，张子扬所在的工作小组正在开会，讨论选取谁的策划方案递交给上级。显然，这是一次难得的机会。经过激烈的讨论，张子扬的策划方案被公认为是小组中最好的。但是组长李铭却不甘心放过这样一个在上司面前露脸的机会，于是他不以为然地说：“我觉得子扬的策划想法不错，但还是有很多欠考虑的地方，我决定还是递交我自己的这份。”碍于李铭是上司，几乎所有的人都闭上了嘴，在面面相觑间流露着深意。然而，平时好说话的张子扬却一反常态，开始据理力争，将自己和李铭的策划方案一一罗列、仔细分析，详细分析各自的利弊，直说得李铭再也说不出反驳的话来，只好同意向上司递交张子扬的方案。

因为张子扬的策划方案合情合理，公司的高层领导非常青睐并采用了这个方案，并由张子扬本人来负责实行。张子扬的“好”已经为自己积累了大量的人脉，他顺利地完成了这项任务，受到了公司的嘉奖——提升为部门主管。

好脾气、好说话的“好人”——张子扬在关键时刻为自己争取了一次，虽然与李铭据理力争，会导致李铭的反感，甚至引起敌对情绪，但他却很好地维护了自己的权利和尊严，成功地为自己争取到了光明的未来。这种有度、有原则地做“好人”的态度才是真正的人生智慧。

做个怎样的人是一个人聪明睿智的集中体现。想要做一个好人并不难，难的是把握好度，在退让以成就“好人”名誉的同时懂得主动出击以固守自己的尊严和利益。只有这样有进有退、有容有拒地做“好人”，才能受到人生幸运之神的青睐。

Dream

这张心灵的蛛网要不得

心理学家说：过分内疚是一种病。这种病会钳制人们的心理、控制人们的情绪，当人们的心理和情绪被掌控后，人们就可能会丧失“自我”，从而陷入内疚的泥潭中难以自拔。

内疚有两种，一种是适度的，也就是健康的；一种是过度的，即病态的。健康的内疚是心灵的“报警器”，是人类良性情绪的内核，它会提醒人们照顾他人的利益和感受，调整人际关系，有利于个体适应社会生活；而病态的内疚则是心灵的“毒药”，会使人长期生活在压力、紧张和痛苦中，它就像影子一样，笼罩在人们前进的路上。

一天，在一家商场里，一个6岁的男孩吵闹着要妈妈给他买玩具，他指着一个玩具猴说：“妈妈，我要那个玩具。”

“那个玩具有什么好的，再说你已经有很多玩具了。”

“可我还想要啊！”男孩不肯放弃。

“你要是这样什么都要，就不是好孩子了，妈妈以后就不喜欢你了。”

“我就是要嘛！”男孩哭闹起来。

“可是妈妈没有钱啊，爸爸好久都没有发工资了。”妈妈没有再说男孩，而是想到了自己的婚姻，想到丈夫根本担负不起一个家庭的重任，她越想越伤心，竟然流下了眼泪。

男孩看到妈妈哭了，一下子害怕了，自己反而不哭了。他走到妈妈面前，用自己的衣服袖子帮妈妈擦了一下眼泪，非常懂事地说：“妈妈，我不要玩具猴了，你不要哭，我以后长大了，给你钱买很多东西。”

妈妈为什么会哭，男孩或许并不明白，我们敢肯定的是，他一定在内疚，他一定认为是自己的行为让妈妈难受了，因此他才会感到内疚，他不想因此而成为一个坏孩子，所以他放弃了自己的愿望，转而照顾妈妈的情绪，不再闹着买玩具。

这是一种自然的、维持在适度的、健康层面上的内疚。

可过分地内疚就会变成一种病态的自责。

从前有位年轻人，饱读诗书，富有才情，很多女子迷恋他。一天，一个女子来敲他的门，说：“让我做你的妻子吧！错过我，你将再也找不到比我更爱你的女人了！”年轻人虽然也很喜欢她，却回答说：“让我考虑考虑！”

于是年轻人拿出他所列出来的“择偶清单”，逐一进行对照，发现那位女子并不“完全”符合他的要求，尽管自己很喜欢她，但无论如何不能改变自己对婚姻的“要求”，于是陷入了长期的矛盾和痛苦中。

直到有一天他想通了：我不能改变我的标准，但我能改变她呀。于是他兴冲冲地去找那位女子。

年轻人来到女子的家中，问女子的父亲：“你的女儿呢？请你告诉她，我考虑清楚了，我决定娶她为妻！”女子的父亲冷漠地回答：“你来晚了10年，我女儿现在已经是3个孩子的母亲了！”

年轻人听后，后悔不已、内疚不已。他决定惩罚自己，于是终日将自己和那些“学问书”关在屋子里，每天不停地自责和忏悔。

临终前，他将自己所有的著作丢入火堆，只留下一句他悟到的禅理：人生来是受戒的，而让人痛苦的根源，一半是对于他人的苛求，一半是对于自己的惩罚！

故事中的年轻人用一生证明了人生的“死门”：苛人责已。生活中有很多人都像他一样，当我们对别人提出极度苛刻的要求时，自己反过来又会不断地责备自己；当我们无情地伤害别人后，自己又会自虐式地惩罚自己。

所以说内疚就好比是心灵的蜘蛛网，它“网”住的不仅是我们的情绪，还有前进的脚步。它虽然可以帮助人们记住过去，但同时它也阻碍了人们走向成功的脚步。

你有信仰就年轻，疑惑就年老；
有自信就年轻，畏惧就年老；
有希望就年轻，绝望就年老；
岁月使你皮肤起皱，但是失去了热忱，就损伤了灵魂。

Dream

自卑的乞丐与自信的商人

卡耐基说："一个对自己的内心有完全支配能力的人，对他自己有权获得的任何其他东西也会有支配能力。"相反，一个连自己的内心都支配不了的人，即使获得了一切也终将失去。所以，自卑是最要不得的心理感受，它非但不产生价值，还会让原有的价值流失，请摒弃它吧！

自卑的人总是在自卑中将自己埋没，因为成功需要的是自信，自信没了，成功自然也就没了着落，被埋没是迟早的事儿！自卑的人大都缺乏生活勇气，他们不能与强大的外力相抗衡，进而致使自己在痛苦的深渊中挣扎。当然，自卑者也明白自卑不是好东西，希望能将它从自己的生命中拔去，但是一旦遇到问题，它往往又会卷土重来。想要彻底摆脱自卑，最好的方法就是明白自己的价值，然后利用自己的价值。

在纽约的街头，一个商人看到一位衣衫褴褛的推销员在寒风中推销尺子，商人顿生一股怜悯之情。他停下来将1美元丢进卖尺子人的盒子里，正准备走开时觉得这样不对，于是又停下来，从推销员的盒子里取走了一把尺子，并对卖尺子的推销员说：“我们都是商人，只是我们经营的商品不同，你销售的是尺子。”

过了几个月，在一个社交场合上，曾经卖尺子的推销员又与商人相遇了，只不过这次他穿戴整齐、精神饱满，他迎向商人并热情地打招呼：“您好，您可能已经不记得我了，可是我却永远忘不了您，是您给了我自尊和自信。在那之前我一直认为自己跟乞丐没什么两样，直到那天您从我那儿买了一把尺子，并且对我说我也是一个商人为止。”

推销员在之前一直都把自己当作一个乞丐，都是因为他内心的自卑而起，幸好有了商人的提醒，让他及时地从这种自卑的困境中挣脱了出来，否则他也许就真的要沦为乞丐了。

在这个世界上，几乎所有的人都不是为了自轻自贱和不求作为来到这个世界的。所有的人都希望自己的人生是成功而圆满的。但是，人生的波澜起伏和世事无常难免一次次地打击我们的信心、毅力和执着，最后让人变得自卑、退缩和妥协，生活自然也就不如意了。无论如何，我们都应该坚信，人并不是水中的浮萍，我们有自己的主见、思想和精神，而这些都会产生价值，所以我们不应该随波逐流、听凭命运的摆布，成为一个任自卑困扰的可怜之物。

Dream

那只不过是一拳而已

人之所以会报复别人，是觉得别人的行为伤害到了自己的利益，为了平衡自己的内心，往往会采取报复行动。殊不知，在采取报复行动的同时，正暴露了自己最脆弱的一面。

有人曾经说过一句话：报复别人其实就是在报复自己。这句话虽然有些绝对，但却饱含深意。我们为什么要报复，报复对我们又有什么好处呢？

我们常常见到两个人因为一些小事结下怨恨，然后是你来我往的一系列报复行为，结果两人心中的怒气不但没消，反而怨气更大、仇恨更深了，以至于到最后，两个人成了水火不容的敌人。

俗话说：多一个朋友多一条路，多一个敌人多一堵墙。在这个人脉就是财脉，人脉就是命脉的时代，人际交往对一个人的成功就显得更加珍贵了。而一个人一旦习惯了报复别人，那么他就非常容易得罪别人，而当一个人得罪的人多了，他的人生之路也就会随之变窄，进而就会变成一个没有太多希望获得成功的人。因此，每个人都要学会放弃报复，只有这样才能变得心平气和，才能有更多的时间和精力去追逐自己的梦想和成功。

有一个特别喜欢计较的年轻人，动不动就因为一些小事和人争吵、打架，人们都不喜欢他。一天，这个年轻人无意中游荡到了大德寺，正好赶上一休禅师在讲佛法。听完一休禅师的讲解，年轻人决定痛改前非，不再动不动就与人结怨。于是，他对一休禅师说："师父，以后我再也不会一生气就和别人打架斗嘴了，哪怕人家把唾沫吐到我的脸上，我也不会计较！"

一休禅师听了，笑着说："那就让唾沫自己干吧！"年轻人接着说："师父，如果拳头打过来，我该怎么办呢？" 一休禅师答道："如果真有拳头打过来，你也不要太在意，那只不过是一拳而已。"年轻人听了，以为一休禅师在耍自己，心里的怒火顿时就升了起来，举起拳头就朝一休禅师的头打了过去，并嘟囔道："这一拳打在你脸上，你感觉如何？"谁知，一休禅师不仅没有生气，反而说："我的头像石头一样硬，你的手打疼了吧？"

听完一休禅师的话，年轻人羞愧地低下了头。

通过这个哲理故事，我们可以清晰地看到，只有宽容大度才能更好地将人与人之间的怨恨化解于无形。以德报怨不仅不会让人瞧不起，反而会让这个充满报复心的人有所悔悟，从指责别人转变为剖析自己。一休禅师正是通过宽容，让年轻人意识到了自己的无知、浅薄。

Dream

一滴水汇入海洋才不会消失

每个人都想成功，但是只有真正成功的人才知道，只依靠自己是很难成功的。一个篱笆三个桩，一个好汉三个帮。一个人的力量是有限的，只有团结合作才能最终取得成功。

1997年，李彦宏离开华尔街，来到Infoseek搜索引擎公司担任首席架构师。一段时间后，李彦宏不想再这样生活下去，他想要做点什么，于是自己创业的思想开始萌发。

1999年底，李彦宏回国了。当时互联网已开始走进中国人的生活。李彦宏意识到这对自己来说也许是一次机会，于是他决定创办自己的公司。

刚开始，李彦宏和合作伙伴租了两间简陋的办公室，并召开了百度历史上的第一次员工会议。当时的百度员工只有7个人，如今百度员工已超过7000人，每每说及自己的成功经验，李彦宏都会说，正是创业初期7个人的小团体奠定了百度的基础，也正是大家共同的努力，百度才取得了今天这样的成就。

如果李彦宏是那种只想凭借自己的能力实现理想的单干家，也许他现在只是一个戴着“海龟”帽子的“海带”。可能李彦宏自己都没有想到，短短几年时间，他和他的百度就缔造了互联网业的一个神话。但是李彦宏知道，这个神话不是他一个人创造的，而是百度所有员工共同创造的。从李彦宏的身上，我们看到了集体的力量。

社会上的每一个人，都好像是沙漠里一粒小小的沙子，只有大家都聚集在一起，才能形成我们这个多姿多彩的社会。

Dream

把头抬得太高，就会变得目中无人

礼仪课上，老师会告诉你走路时要挺胸、抬头、收腹，但在为人处世上我们就不能这样了，因为头抬得太高就会目中无人。很多时候我们都需要别人的帮助，如果看不到“助手”，我们成功的概率就会变小。

每个人都有自身的局限性，谁都不可能做到世界第一。只有承认并认识到自己的不足，才能虚心地向别人请教、求助。而只有当人们收回只看到天的眼光之后，才能看到别人身上的优点和自己身上的不足，也才能从别人那里学到更多，从而得到更多。

有一只长年住在一口枯井里的青蛙，它抬头只能看见井口那么大的天。它对自己的生活环境非常满意。有一天，它闲来无事趴在井口向上看，忽然看见井口有一只大海龟在散步。青蛙赶紧扯开嗓门喊了起来：“喂，海龟兄，请快点过来！”海龟不知所以然地爬到枯井旁边。青蛙说道："今天算你走运了，我让你开开眼界，参观一下我的家。你大概从来也没有见过这样宽敞的住所吧？"海龟探头往井里瞅了瞅，只看见浅浅的井底积了一汪长满绿苔的泥水，还闻到一股刺鼻的臭味。海龟皱了皱眉头，但是骄傲的青蛙根本没有注意到海龟的表情，仍在那里说："我觉得住在这儿，非常舒服！那些小虫子、小蝌蚪什么的，哪一个能比得上我呢！"青蛙得意忘形，便邀请海龟进来参观参观。

海龟不好意思拒绝，便爬向井口，可是左腿还没伸进去，右腿就被井栏给卡住了。海龟退了回来，跟青蛙说起了自己的家——大海。它说："大海无边无际，无论怎么游都游不到边，无论怎么游也游不到底。"青蛙听了，觉得非常吃惊，因为它实在想象不出还有那么大的地方。

这只青蛙真的很好笑，它的可笑之处就在于它的自大。处于井底的它，做梦都不会想到原来海龟生活的大海比自己的居住环境大很多，如果不是遇到海龟，它可能一直都会以为自己的家是世界上最大的地方。

常言道："虚心使人进步，骄傲使人落后。"骄傲说白了就是自大。而自大就好比是一个茧，它足以将一个自命不凡的人牢牢地困在里面无法挣脱。因为自大的人往往对自己的认识和评价都会超出现实。他们只要偶尔有了一点高明的见解和想法，就会自认为了不起，然后开始不切实际地幻想。

当然了，从社会心理学的角度来讲，人有自我意识是一件好事。因为人只有在具有了自我意识之后，才能认识到自己与他人之间的差距，才能不断完善自我、提升自我。但是，这种自我意识一旦没有受到控制而发生膨胀，那么就会忽略别人的存在而过分地强调自我，结果只能是主观地认为世界上只有自己才是最好的，别人是不会超越自己的。可是一旦他们的那些认知被否定，他们就会产生愤怒、不满和挫败感。所以，一个人要想获得进步，走向成功，就必须摆正自己，多看看别人。要走出自己狭隘的小圈子，融入社会当中。只有这样，才能看见除了自己之外的人，也才能看到更广阔的世界。

Dream

别把时间浪费在后悔的事情上

在这个世界上，任何人都不可避免地做过错事。但是后悔并不能改变任何事实，所以请别把精力浪费在那上面吧!

很多愚蠢的可以避免的错误，往往让人们懊悔不已，尤其在一些看似能够改变我们人生的重大问题上。当我们由于自己的判断失误而犯了重大的错误时，通常会后悔自己当时的行为和决定，而且这种后悔的情绪往往会维持相当长的一段时间。在这段时间里，我们几乎无法正常工作和思考，犯错误的那一幕时时都会跳出来扰乱我们的情绪，让我们变得不开心。有的人甚至一辈子都在各种各样的懊悔中度过，以致亲手毁掉了自己本应幸福的一生。

有一位执业多年的精神病学家，他在精神病学界享有很高的声誉。他在即将退休时对自己的职业进行了总结，他发现在帮助自己改变生活方面最有用的老师其实只是四个小字而已。而其中头两个字就是“要是”。他说：“我有很多病人，他们都将时间花在缅怀过往上，后悔自己当初该做而没有做或者没有做好的事。他们最常说的是‘要是我在那次面试前好好准备……’或者‘要是我当初进的是会计班……’”

人的一生当中，最浪费时间的莫过于懊悔。在后悔的海洋里打滚是严重的精神消耗，后悔的破坏力可以将人积极上进的好心态彻底摧毁，把人变得萎靡不振。

所以，对于既往的过错我们应该采取选择性失忆的态度，与其陷在后悔的深渊里不能自拔，不如打起精神对自己说：“下次我不会再犯同样的错误。”因为为打翻的牛奶哭泣是最没有用的，我们能做的是下一次不要再打翻。

有一个学生总是为很多事情发愁，经常为自己犯过的错误懊恼不已。他总是想着那些以前做过但没有做好或者搞砸了的事，希望自己当初没有这样做，或者懊恼没有做好。这使他整天愁眉苦脸，做什么事情都无精打采，然后导致自己又犯了不该犯的错误，接着继续懊悔……

他的老师发现了这个整天活在后悔中的学生，并且想要帮他从悔恨的旋涡中解脱出来。于是，在某天早上，老师将全班学生召集到了科学实验室。

在实验室，学生们看到老师的桌子上除了一瓶牛奶之外什么都没有，正在他们考虑老师今天会用这瓶牛奶做什么实验时，老师突然站起来，将那瓶牛奶打翻在了水槽里。学生们被老师的这一举动吓到了，正当他们错愕之际，老师大声对他们说：“不要为打翻的牛奶而哭泣。”

他把所有的人叫到水槽旁边，让他们好好看看那瓶已经被打翻的牛奶，并对他们说：“我希望你们可以一辈子记住这一课，你们看好了，这瓶牛奶已经全部流光了，无论你怎么着急、怎么后悔、怎么抱怨，都不可能再救回一滴。我们现在能做的就是把它忘掉，忘记这件事情，专注下一件事。”

所以，为什么要为打翻的牛奶浪费你的眼泪呢？它像你做过的任何一件无法挽回的事情一样没有再改变的可能，你已经没有必要再浪费时间在它身上。虽然犯错和疏忽是我们的不对，但是事情已经这样了，而且谁没有犯过错？你要做的是从中吸取教训，下次做好防范，不让错误再犯，这不仅会让你的生活轻松得多，而且还会为你的成功增添动力。

后悔不能换来任何东西，我们能做的是在错误发生后及时挽回损失，改变事情所产生的影响，但是我们不可能去改变当时已经发生的事情。唯一能使过去的错误产生价值的方法是——吸取教训，然后忘掉它。

你的时间有限，所以不要为别人而活。
不要被教条所限，不要活在别人的观念里。
不要让别人的意见左右自己内心 的声音。
最重要的是，勇敢地去追随自己的心灵和直觉。

Dream

总爱抱怨怎么戒

如果你不喜欢一件事，就改变那件事；如果无法改变，就改变自己的态度，不要抱怨。要知道“抱怨”就像口臭，它会传染。而习惯抱怨的人，就是在向自己的鞋子里倒水。

刚过而立之年的苏珊，是美国一家化妆品公司的创办人。小时候，她和奶奶生活在乡下。奶奶开了一家小杂货店，她为人慈祥又和气，所以邻居们都喜欢和她聊天。每当那些喜欢抱怨、爱发牢骚的邻居到商店买东西时，奶奶总是把苏珊拉到身边，让她听自己和邻居的对话。

有一次，邻居爱普生前来买烟。奶奶问他：“今天怎么样啊，爱普生老兄？”爱普生长叹一声道：“唉，今天不怎么样啊，哈德森大姐。你看看，这天气这么热，气死人了。这种鬼天气，真要命啊！”奶奶一边给他拿香烟，一边附和着说：“是啊，是啊！嗯，嗯……”一直抱怨了十多分钟，爱普生才离开了小店。又有一次，邻居汤姆一进店门就向奶奶抱怨道：“哈德森大姐，真是气死我了！我再也不想干犁地这活儿了！尘土飞扬不说，驴子还不听使唤。我真是干够了！你看看我的腿、脚，还有手、眼睛、鼻子，到处都是尘土，我真是干够了！”奶奶仍然是那副老样子，一边给他拿东西，一边附和着说：“是啊，是啊！嗯，嗯……”

等汤姆发完牢骚离开小店，奶奶把苏珊拉到身前，问她：“孩子，你听到这些喜欢抱怨的人说的话了吗？”苏珊点点头。奶奶接着说：“孩子，在每个夜晚都会有一些人——不管是白人还是黑人，不管是富人还是穷人——酣然入睡后便再也不会醒来。那些与世长辞的人，睡觉时不会感到暖和的被窝已变成冰冷的灵柩，身上的羊毛毯已变成裹尸布，他们再也不能为天气热或驴子不听话而唠叨一分钟。孩子，你要记住：不要抱怨，因为抱怨不能解决任何问题。如果你对现状不满意，那就设法去改变它。如果改变不了，那就改变你的心态去面对它，但你一定不要去抱怨什么。”长大后，苏珊牢记着奶奶的话，无论遭遇多大的挫折，她都从未抱怨过，最终靠自己的勤奋和智慧打拼出了一片天地，成了业界有名的女强人。

抱怨与成功从来就不在同一个屋檐下，抱怨也从来不与幸福、快乐朝夕相处。很多朋友看到有些人付出得很少，却凭借亲情、权势、关系，甚至相貌、声色得到了很多，他们常常因工作、岗位、薪水、奖金等方面的不公平而怨天尤人、牢骚满腹。有些问题是客观存在的，有些则是我们的错觉，具体情况很复杂，我们不做过多评价，不过有一点要提醒朋友们——你的抱怨解决什么问题了吗？实际情况是，牢骚、抱怨、谩骂甚至诅咒不但没有解决任何问题，还让自己的心情非常“不爽”，加剧了心理的不平衡，影响了自己对人对事的看法。有些人总在抱怨环境：“如果我的环境好一些，我的成就会更高一些。”但是这个环境你可以改变吗？要是你不能改变，你的抱怨就是无谓的，更重要的是，它不会带给你任何价值。再穷的地方也有富人，再富的地方也有穷人。有人会问：“人受了委屈不能抱怨吗？”这句话没有错，人生的智慧在于取舍，不是说不可以抱怨，但是要记住，你的每一次抱怨都会弱化你个人的竞争价值。

我们大脑中分泌脑啡呔，脑啡呔分泌越多的人反应越快，控制情绪的能力越强。心态平和、心情愉悦的时候，脑啡呔才会分泌；人一旦抱怨，脑啡呔就会立即停止分泌。你有没有发现，在现实生活中有一些喜欢抱怨的人整天都不顺畅？他早上起床就抱怨，又要上班了，这也不好，那也不好；骂了一会儿头撞墙了，又开始骂墙；骂着骂着钱包丢了，然后又骂偷钱包的贼；到了单位，给领导的文件搞错了，领导批评了他，然后他又骂领导；回到家，他又跟老婆吵架闹离婚。

作为成年人，我们要清晰地认识到我们生存的世界是一个不完美、不公平的世界——有的人一出生就含着金匙子，享用充沛的资源，但更多的人出生在平凡的家庭，大部分成绩都是自己奋斗而来，还有部分人生来就贫病交加、命运多舛，他们的每一点进步都要付出极大的努力。这是客观事实，我们不能或者很难改变。我们的工作环境也是如此，如果一味执着于关注这些不平衡、不完美的人或事，而不采取行动，一切都于事无补。

同时，我们还要认识到，其实我们自己也是不完美的，如果我们把自己放在别人的位置上进行思考，很多负面情绪也许就会释然。既然世界、工作、个人都是不完美的，又何必被这些不完美的客观事实所困扰？有句话说得非常好——敢于面对问题，问题就解决了一半；不敢面对问题，问题就会加倍。你怎样看待这些不完美的情况，将决定你能否得到生活与工作上的快乐。当然，面对问题并非要逆来顺受，我们要积极地行动，改变它。爱迪生没有陷入对漫长黑夜的抱怨，而是身体力行，尝试了无数次，才发明了电灯。只要我们每个人都勇于行动，就能找到属于我们的一片光明。

在很多情况下，即使我们没有改变的能力，也并非意味着我们完全没有自由：你不能左右天气，但是可以改变心情；你不能改变容貌，但是可以展现笑容；你不能控制他人，但是可以掌握自己；你不能预知明天，但是可以利用今天；你不能样样胜利，但是可以事事尽力……无论在职场中还是在生活中，责任越大，体现才华的空间和舞台才会越大。我们只有把责任、能力修好，才能提高我们的竞争力，我们个人的品牌、核心竞争力才会得到质的飞跃，这是我们在任何一个时期参与竞争最重要的筹码。愿大家都能以快乐的心情来面对每一天。

袜子思维与鸽子模式

最好不要重复别人的道路，与其在后面跟随，不如自己另辟新路。

抽屉中杂乱地放着10只红色袜子和10只蓝色袜子，它们除了颜色不同外，其他都一样。要你从中取出两只颜色相同的袜子，请问最少要从抽屉中取出几只袜子，才能保证有两只配成颜色相同的一双？许多人会想："假设取出的第一只是红袜子，我需要取出另一只红袜子来和它配对，但取出的第二只也可能是蓝袜子，直到取出抽屉中全部10只蓝袜子。于是，再下一只肯定是红袜子了，因此答案是12只袜子。"

但是，题目中并没有限定红袜子，它只要求取出两只颜色相同的袜子。因此，只需取出头两只袜子中的某一只配对即可，那么正确的答案就是3只袜子。生活中有时除了需要规范化，还需要我们培养创新思维，不为固有思维所左右。

有一个年轻人，最大的嗜好就是养鸽子。为了让鸽子吃好，他宁可自己省吃俭用。但随着鸽群的壮大，他的开销越来越大，经济状况也日益拮据，于是他不得不再做另一份工作。正在他为此一筹莫展的时候，在离家不远的街心公园里的几只小鸟触动了他的灵感。那几只小鸟不过是习惯了人来人往的都市，能够灵巧地接住过往行人丢来的食物。它们也渐渐吸引了周围居民的注意，闲来无事，人们都愿意到那里去坐坐，喂喂鸟。于是，年轻人想到了自己的鸽子。他选了一个假日，带着他的鸽子来到街心公园。果然，鸽子吸引了很多游人，他们纷纷将一些食物抛给鸽子，又逗又玩，这样，年轻人便省下了一天喂鸽子的开销。受此启发，他辞掉了工作，专门在公园内放鸽子，同时出售喂鸽子的饲料。这样一来，不仅鸽子比原来吃得好了，他的收入也有了明显增加，公园也因此出现了一道新景观，吸引了更多的人。

用游客的钱养活自己的鸽子，同时还能挣游客的钱养活自己，这便是创造性思维带给这个年轻人的实惠。生活中我们经常会遇到问题，不过有时问题其实是机会的另外一种形式，而把问题转化为机会一定要有创造性思维。苹果公司是不是一个唱片公司？不是，它没有内容，但是现在它跟五大唱片公司达成协议，通过它的音乐商店下载音乐，然后相互分成。据说，它的几百个律师跟五大唱片公司谈判了两年，签下了在苹果网站下载音乐的业务，拥有了庞大的网络资源。这就是业务模式的创新。

不与别人比较的幸福，是真幸福

“世人纷纷说不平，别人骑马我骑驴；回头看看推车汉，比上不足下有余。”常这样想，生命也就天地开阔了。

不要和过去比较

我们多有这种体验：随着年龄的增长，单纯的快乐越来越难了。

为什么会这样？

因为过去的快乐阻碍了我们享受新的快乐。当现有快乐来临时，我们总会不自觉地去和过去的快乐比较，希望现在能和以前一样快乐，甚至比之前更快乐。可我们忘记了，过去的快乐是发生在特定的时间和情境下的，不可复制。而且过去的东西总令人感觉美好，难以超越。当我们发现无法像过去一样快乐或者比过去更快乐时，我们就会鄙弃现在的快乐；久而久之，我们就失去了对当下事物的关注，而只沉迷于消逝的虚拟快乐的追逐上。

刘邦做皇帝后，逐渐对美食失去了兴趣。无论御厨们怎么变着花样呈上御膳，他都觉得索然无味。他忽然想起一次在逃亡路上，喝过一碗杂粮粥。那滋味美极了，他简直迫不及待想再喝上一次。

这碗粥是当时一个老妪施舍给刘邦的。刘邦马上命属下找来这个老妪，要求她再做一碗同样的粥。然而当粥做好后，刘邦却只喝了一口就吐出来了。他问老妪："为什么味道和以前不一样了？"

老妪说："这两碗粥是一模一样的。可由于陛下所处的条件不同，所以尝起来自然不一样了。以前陛下在逃亡时，饥肠辘辘觉得什么都好吃。可现在，您天天吃着山珍海味，自然再也喝不出这碗粥的甜美来了。"

比较心会令我们产生审美疲劳，一旦有了比较心，我们就会把所有的事物和曾经遇到过的极好事物比较，从而失去了对它们的兴趣。正如上述案例中，刘邦不喜欢吃山珍海味的关键，是因为他与过去的美好体验比较，渴望能在眼前的事物上复制过去的快乐。这自然就阻碍了他客观地来评价当下的美好事物。

纳兰性德也有一句诗，叫"人生若只如初见"，其中道破了对曾经美好的向往和对今日今时的遗憾。元稹也说过："曾经沧海难为水，除却巫山不是云。"而好莱坞影片《美国丽人》中，丈夫也在厌倦了朝夕相对的妻子后，质问她："以前那个可以在阳台上对着飞机敞开胸脯的女孩哪里去了？"

总是和过去比较，就会忽视眼前的快乐，忽视眼前的人。哪怕眼前的一切都比当初美好，也无法阻止他们一厢情愿的心。因为过去的感

人生最大的错误，
就是过分地与别人比较。
比较中忽略了自己的美好，
看不到自己的精彩，
在不断的懊恼和挫败感中，
一生就这样过去了。

觉不可复制，所以这样的人只能生活在痛苦与无奈中。

不要和周围比较

一个女孩搬进了梦寐以求的高档社区，她满以为住进去后会很快乐。可是没过多久，她就抑郁了。她特地跑来和朋友倒苦水："千万别和富人住在一个社区。你想，和他们住在一起后，自己得以骄傲的资本全没了。比如我买了一辆高档车，可开回去一看，周围全是更高档的跑车；我买了一个限量包，可走在楼道里一看，人家全身服饰都是限量的……"末了，女孩感慨地说："我本觉得自己过得挺幸福的了，但现在看来，比我幸福的人多了去了，我整个一富人区里的穷人……"

这个女孩的遭遇让我们深思。很多时候我们过分喜欢攀比，比薪水、比孩子、比爱人、比房子……我们把幸福寄托在别人身上，总觉得这幸福那么缥缈。比来比去，自己越来越生气，因为总会有人比我们幸福，比我们过得好。

自己的幸福只有自己才能体会。羡慕他人，不如努力去创造条件。用平静的心对待他人的一切，在自己的生活中积极地寻找快乐，这样才能让幸福更加长久。

不要和上面比较

当你处在下层时，有人在中层有车有房；当你奋斗到中层时，有人却住别墅、打飞的；当你跻身上层时却发现，还有人快乐道遥，一生无忧，随心所欲。

往上比，我们就会越来越沮丧，越来越绝望。原因我们早就提到过：人的欲望无穷，而能力永远也追不上欲望的脚步。

其实，那些高高在上的人不见得比我们幸福。他们能站在那个位置上，通常付出了很多我们看不到也想不到的东西。这样一想，我们就会平衡多了。

从前，有一个年轻人去外地办事。进山途中，他突然看到一只猛虎朝他飞奔而来。大惊之下，年轻人见旁边有一棵大树，急忙手脚并用地爬到树上。

老虎围着大树咆哮不已，拼命往上跳，企图把年轻人咬下来。年轻人心惊胆战，急忙抱紧树干，却不想因为惊慌过度，一不小心从树上跌了下来。

不巧的是，他刚好跌在老虎的背上。逼不得已，年轻人只得抱紧虎头，浑身紧贴虎背。老虎也受到了惊吓，立即拔腿狂奔。

另外一个路人看到了，觉得虎背上的年轻人十分威风，就羡慕地说："这个人真是让人嫉妒啊！看，他在虎背上多么快活，简直赛过神仙啊！"

虎背上的年轻人听了，心里苦闷极了，他大喊道："你光看到我威风、快活，却不知我心里多么胆战心惊，一不小心就要尸骨无存呢！"

看起来威风凛凛的人，也许正苦不堪言。得到了一些，也必定付出了一些。所以生活中，我们切勿盲目地羡慕别人，而要真实地生活在自己的世界里。

·Part 04·

用别人给不了的热情，恣意人生

从失败再到失败，依然不改热情。

这就是成功。

内心的热情是一种动力，

它让人相信努力奋斗的意义，

让人永远年轻，永远热泪盈眶。

用热情点起一盏灯，把生活过得热闹起来，

因为，唯有热情，无所不能。

没有什么困难
可以打败一个热情洋溢的人

爱迪生有句名言：热情是能量，没有热情，任何伟大的事情都完不成。的确是这样，任何事情只有坚定的信念而没有十足的热情，也是干不好的。做事情首先必须具备的就是热情，因为它是力量的源泉。

有一位传教士，他对自己的工作已经失去了热情。一天夜里，这位传教士做了一个梦。他梦到自己被带到了天堂，将要接受上帝对他以往工作的赏赐。最开始，有个天使送来了一个华丽灿烂的头冠，上面镶满了珍珠宝玉，旁边的天使却说："你拿错了，这是20年前我们为他预备的，那个时候他拼命为信仰做见证。后来，他却没有这样做了，所以只能拿一个次等的头冠。"

不一会儿工夫，天使换来了一个次等的头冠。它虽然没有前一个那么华丽，但也非常漂亮。这时候刚才那个天使又说了："还是拿错了，这是10年前为他预备的。那个时候的他还有些许热情。不幸的是，之后世上的欲望和引诱迷住了他，使他成了一个不冷不热没有任何工作激情的人，再去换一个吧！"

于是天使又换来了一个，上面一粒珠宝都没有，毫无光彩可言。

这时，牧师一下子从梦中惊醒，还好只是一场梦。惊醒后的牧师决定改变以前的做法，热心传教，最后成了最受欢迎的牧师。

热情对于人类来讲就像是蒸汽机与火车头，如果你对手中的工作充满了热情，就会有充沛的精力去完成。事实表明：人只有在精神饱满的情况下，才能做好工作。

有一位杂志推销员来见著名的成功学大师和励志书作家拿破仑·希尔。一进门，这位推销员就看了看拿破仑·希尔的书桌，发现他的桌子上摆了几本杂志，然后他又看了看拿破仑·希尔的书架，并惊呼道："哦！我看得出来，你十分喜爱阅读书籍和各类杂志。"拿破仑·希尔不由自主地放下了手中的文稿。

在这个推销员进入拿破仑·希尔的书房时，拿破仑·希尔就已经下定了决心，绝不放下手中的文稿，借以向他暗示自己很忙，不希望受到打扰。

这位推销员不是傻子，他当然明白拿破仑·希尔的意思，但是他怀中抱着一大堆杂志，既不打算离开，也没有摊开杂志。他不慌不忙地走到书架前，取出一本《爱默生文集》，然后在那之后的10

分钟里，他不停地说起爱默生的那篇《论报酬》，并且说得津津有味。不知不觉中，拿破仑·希尔已经被动地接受了很多有关爱默生作品的新观念。然后，他才开始问拿破仑·希尔，他定期收到的杂志有哪几种。最后，他把自己的杂志摊开来，并且一一向他分析了这些杂志，又进一步说明拿破仑·希尔为什么应该每一种都要订一份。等到他要离开的时候，他已经签下了拿破仑·希尔的订单。

从这个故事中，我们发现了这个推销员的绝妙之处，虽然那些准备学营销的人看到的是他沟通的技巧，但是我们更应该看到他的态度——充满热情。任何时候，就算是受到了拿破仑·希尔“你打搅了我”的冷漠暗示，他还是采取了一种积极的态度来完成了接下来的推销。或许，他早已经发现了热情对自己的好处。

很多成功的推销员之所以能签下很多重要的单子，就在于他们对自己的工作付出了极大的热情。在他们的意识中，对于工作的热情可以藏匿那些客户的冷漠带来的不愉快。

电影《高兴》中的那个刘高兴，为了实现驾驶自己制造的飞机翱翔蓝天的愿望，积极地生活着，满怀热忱地做着自己的“春秋大梦”。他可以忍受城市的冷漠，可以忍受生活的窘迫，可以忍受恶劣的一切，日的只有一个，那就是从事自己的飞行事业。即使身体受到创伤、心灵受到打击，他依然忘我地快乐着。只要有热情、有梦想，他就是快乐的。

所谓生活就是一半是幸福，
一半是痛苦，
一个人之所以幸福，
并不是他得天独厚，
只是那个人心想着幸福，
为忘 记痛苦而努力，
为变得幸福而努力。

Dream

用敢于冒险的热情，让生活更宽广

我们为什么非要等着生活将我们逼到墙角才去选择冒险，进而真正地实现自己的梦想呢？

日复一日平淡而重复的生活消磨了许多人的锐气，大多数人都早已将自己捆绑在这种单调而贫乏的生活之中。而要想激起我们的勇气，去冒险是一个不错的选择。

事实上，冒险的意义并非只有激发自己的勇气这么简单。如果我们去看成功者的履历就会发现，他们的生命中一定有一次甚至很多次的冒险经历。

1956年，58岁的哈默购买了一家石油公司，准备进军石油行业。可是石油行业作为最能赚钱的行业，业内的竞争是十分激烈的。哈默刚刚开始做石油生意的时候，美国的石油行业——无论是市场还是油田早已被几大石油巨头瓜分干净了。尽管如此，对于已经投入巨资杀进了石油行业的哈默来说，他唯一的选择就是继续干下去。他首先需要解决油井的问题，哪里才有石油呢？已经勘探出来的油田早就被各大石油巨头买了下来，所以哈默只好一次次地尝试着勘探出新的油田。

就这样，4年时光过去了，到了1960年，已经为打井投入了1000万美元的哈默仍然一滴油也没打出来。这时哈默面临着两个选择：停止勘探退出石油行业，或者生死一搏，调动最后的资本再尝试一次。哈默以他那令人难以置信的勇气选择了后者，这一次他听从了一位年轻地质学家的建议，在旧金山以东租下一片早已被其他石油公司放弃了的地区。

哈默千方百计地筹集到了一笔钱，开始了他人生中最重要，也很有可能是最后一次的冒险，结果他成功了！在钻探到1000多米的时候，哈默的公司终于钻出了自成立以来的第一桶天然气，后来证明这个天然气田是加利福尼亚的第二大天然气田，总储量的价值在两亿美元以上。

通过了解哈默的经历，我们再一次印证了“风险与利润成正比”的规律。巨大的成功，总是伴随着巨大的风险，而面对这些风险的时候，只有少数人选择勇敢地接受挑战，冲上前去，因此他们成功了。有时许多成功者未必比我们能干，他们只是比我们敢干而已。

汤姆森是一家大型上市公司的创始人，他的朋友与晚辈曾经向他询问成功的秘诀，而他告诉他们：自己的成功完全是被逼出来的！

汤姆森从小并没有接受过任何良好的教育，在读书的年纪，他只是与朋友们一起在大街上混日子。他长大成人后，因为学历与知识的限制不得不当了一位推销员。好在汤姆森的口才不错，在业界打拼多年后，他不但拥有了不错的业绩，还为自己积累下了一些熟悉的老客户。

就在公司因为他良好的业绩准备提拔他的时候，汤姆森却感觉继续这样下去，自己最多也不过就是在公司中混成一个推销员里的小经理，并没有太大的前途。于是他选择了冒险，不但毅然决然地辞了职，还用自己多年工作省吃俭用攒下的全部积蓄，开了一家小得不能再小的小公司。

20年之后的今天，他的公司已经成了一家跨行业、跨领域的大型上市公司，而汤姆森本人也早已过上了人人羡慕的富翁生活。

汤姆森与哈默一样，选择了一条与大多数人不同的道路，而这条充满了风险的冒险之路，恰恰是他们成功的原因。

正如汤姆森所说，成功往往是被逼出来的。正是在那种走投无路的窘境之中，人们才会被激发出巨大的勇气，开始自己的冒险之旅。

回头想想，我们为什么非要等到生活将我们逼到墙角才去选择冒险，进而真正地实现梦想呢?

许多人在做出选择之前，考虑到那些可能到来的巨大风险时，仍然会战战兢兢，裹足不前。在这里，可以教给大家一个克服自己心理障碍的方法，那就是永远不要说“不要”！

曾经有一位刚入行的女推销员，她的业绩一直不好，无论卖什么东西，她的推销业绩总与同事相差许多。陷入苦恼的女推销员最终找到了一位心理医生，向他讲述了自己的苦恼与困难。那位心理医生在认真倾听了女推销员的遭遇之后问了她一个问题，那就是：“你认为你应该有哪些改变？又希望改变成什么？”

女推销员的回答是：“我只是不想让大家将我看作新手；不希望大家认为我没有说服力；不希望他们认为我不够热情；更不希望他们认为我并不诚实……”当她说到这里时，那位心理医生打断了她：“我想这就是你最该改变的地方！不要去想‘你不要怎样’，你应该想的是‘你要怎样’。”

这位女推销员听了心理医生的话之后，认真地思考了很久，才重新说出了自己的希望：“我想让他们认为我是一位成熟的、有能力的推销员；希望他们相信我所说的一切；希望他们被我的热情所感染，最终购买我所推销的产品。”

从此以后，这位女推销员的业绩飞快地提升，因为她已经战胜了那些困扰着她的恐惧。她一再地说不要这个、不要那个，可是她越害怕，这些恐惧感就越会让她紧张，越会让她失去继续奋斗的勇气。

当她遵循了心理医生的建议之后，将“不要”统统换成了“我要”，明确了自己的目标与方向之后，她自然就有了更多的勇气去接受一次又一次的挑战与冒险了。

坚定自己的内心，让这种勇于冒险的激情，重燃自信之火，这种力量甚至可以让我们长久地保持青春活力。只有人们相信自己所做的事是值得的，是他们发自肺腑想要去做的，他们才可能像一位勇敢的冒险家似的充满激情，永不疲倦。

那种勇于冒险的热情、自信与对自己梦想的追求凝结成了一种信仰。而我们正是受这种信仰、热情力量的引领，使我们拥有了无比的活力，成功的事业乃至幸福的人生。

生活周而复始，热情生生不息

成长有时候是一个残酷的过程，它让我们原本有滋有味的生活变得平淡如水。岁月的流逝冲刷掉了我们儿时的好奇、少年的活力、青年的血气，每天周而复始的生活、疲于奔命的工作让日子越来越寡淡无味、平凡无奇，曾经属于我们的那些美好时光似乎离我们越来越远了……

乔治·萧伯纳说："生活是一支光芒四射的火炬，我要尽可能地使它燃得更亮，然后传给下一代。"然而我们的火炬似乎在还没有传给下一代之前就已经奄奄一息了，燃料不足的症状越来越明显。于是人们一边抱怨生活的平淡，一边又安于这种平淡，不敢再有任何新的尝试，日子便也如一潭死水般周而复始着！

一个水手和刚认识的朋友在一起聊天。朋友问："你是水手，水手的工作怎么样，有意思吗？危险吗？"

水手没有正面回答他的问题，而是说："我的爷爷是水手，他最后死在海上；我的爸爸也是水手，他最后也死在海上。"

朋友非常震惊地看着水手说："这么说来，大海一定是很危险的了，那你为什么还要做水手呢？"

水手笑着反问："那么，请问你的爷爷死在哪里？"

朋友答道："死在床上。"

"那么你的父亲呢？"水手又问。

"当然也是死在床上。"朋友回答。

水手看着他的朋友笑着说："这么说来，床也是非常危险的了，你为什么还要每天躺在上面呢？"

这当然是个笑话，不过在这个看似玩笑的对话中我们得到了怎样的感悟呢？生活就像我们的床，我们明知自己会在上面画上人生的休止符，可我们还是要每天睡在上面。我们一方面选择了它的舒适安稳，一方面又抱怨着它的百无聊赖。

周而复始的生活的确让人觉得乏味，可是我们又不愿意冒险离开安逸的大床奔向波涛汹涌的大海。我们离不开生活，虽然我们知道生活最终的目的地是哪里。既然如此，为什么我们不能让自己过得好一点呢？只要我们愿意为平淡的生活加一些热情的燃料，我们的生活就会立刻变得光芒四射起来。

南希就是这样。在周围人的眼里，南希无疑是个幸运的女人，从出生到长大成人，步入社会，结婚生子，她几乎是一帆风顺的。所有的一切都照着最平稳的方向前进着。然而，或许是一切都太过顺利了，反而让南希觉得生活毫无乐趣。每天周而复始地工作、生活，让她觉得自己的人生很没有意思，脸上的笑容越来越少，越来越郁郁寡欢，甚至患上了忧郁症。

丈夫无奈之下带南希去看心理医生。医生对南希说："从明天开始，你每天都争取第一个进入办公室，然后以最快的速度把当天要用的文件准备好，最后泡一杯最喜欢的花茶等待同事们来上班，并且笑着跟他们每一个人打招呼！"

奇迹发生了，当第二天南希下班回家时，她整个人都变得光彩四射起来，她跟丈夫讲述一整天自己的工作完成得多么出色，讲述今天自己的同事如何热情友好地对待自己，讲述自己此刻的心情是如何愉悦……

这一切的改变其实并不难以理解。因为南希有意识地让自己变得热情，然后她发现周围的事物也因自己的热情变得不一样了。她的工作、生活，以及周围的人被那种热情感染了，于是全都变得美好起来。

其实，像南希一样，我们每个人都可以是生活的艺术家，只要我们愿意让自己热情起来，生活马上就会焕然一新。因为我们开始变得专注于生活，专注于我们所做的事，专注于身边的人，而不再一味地只把目光放在生活给了我们什么，如何让我们不快乐。

热情是一种发自内心的情绪，发挥热情能带给人真正的自信，能让人更加投入地生活和工作，变得更成功、更有亲和力、更受欢迎……一个成功和处处受欢迎的人还会觉得自己的生活毫无意义、百无聊赖吗？

热情是希望的船帆，
它指引你从危险峡谷中步向坦途，
使你得到新的生命、新的希望，
支持着你的理想永不泯灭。

Dream

适时地“喜新厌旧”是一种可贵的激情

有些人，梦想初期是很有激情的，但激情来得快，去得也快。所以，如果是一个创业者，激情至少要保持3年，最好保持一辈子……

美国前教育部部长、著名教育家威廉·贝内特讲述过他的一段有意思的经历——

一个明朗的下午，我走在大街上，忽然想起要买双短袜。于是，我走进了一家袜店，一个年纪不大的少年店员向我迎来。

“您要什么，先生？”

“我想买双短袜。”

“您是否知道您来到了世上最好的袜店？”他的眼里闪着光，话语里带着激情，并迅速地从一个个货架上取出一只只盒子，并把里面的袜子逐一展现在我的面前，让我挑选。

“等等，小伙子，我只买一双！”

“这我知道，”他说，“不过，我想让您看看这些袜子有多美、多漂亮，真是好看极了！”他脸上洋溢着庄严和神圣的喜悦，像是在向我启示他所信奉的宗教。

我很诧异，对他说：“如果这热情不只是因为你感到新奇，或因为得到一个新的工作，如果你能天天如此，把这种激情保持下去，我保证不到十年，你就会成为全美国的短袜大王。”

为什么这位教育专家会如此肯定这个小伙子？因为热情是产生奇迹的源泉。

工作中之所以会产生疲惫感，有时就像婚姻从激情到乏味的原因一样，因为缺少了变化与新鲜感，所以产生了审美疲劳。很多夫妻在结合之前都有过轰轰烈烈的爱情，为什么多年以后却产生了不可调和的矛盾呢？其中一个重要原因就是彼此太熟悉，以至于到了“左手摸右手”没有感觉的程度。怎样增进夫妻之间的感情呢？婚姻专家给出的“药方”是，给对方多一些惊喜，给婚姻保鲜。

我们的工作又何尝不是如此？多年重复同样的工作，对于很多人而言就是一种从激情到平淡的煎熬。当你觉得工作乏味、无聊时，有时不是工作本身出了问题，而是因为你的易燃点不够。

调整的方法其实有很多，比如把无聊工作当成竞争游戏，挑战一下自己的极限；把工作当作学习的机会，尝试一下新的材质与工艺；把工作当作戏剧，尝试一下不同的角色——之前如果我们只是剧务，能不能做做导演、编剧、演员；给自己的工作注入新的价值观，从新的角度观察一下有什么不同。这些都是方法，当然最好的方法永远是下一个，但如果我们有了这个意识，方法就不是问题。

另外，可以抽空报名学习一种新语言、球类运动或者乐器，既给你不随意加班的正当理由，又可以认识新朋友，激活你的大脑与创意，提供更多与客户聊天的话题。你将发现同样的钱拿去交学费，比买名牌衣服的投资报酬率要高出许多。

Dream

不过无趣的生活

如果我们经常觉得生活是平淡的，那只是因为我们把它过无趣了。生活从来都是精彩的，只要我们肯多为自己花点心思，每个人都可以与众不同。

平凡的人用平凡的想法去生活，非凡的人用非凡的视野去创造。我们常常羡慕成功者们高品质的生活，感叹于对方的丰富多彩和自身的乏善可陈。但是究竟是谁让我们活成现在这个样子呢？当然还是我们自己。

我们认为高品质的生活需要的是巨大财富或者高深思想的支撑。其实不然，昂贵的高尔夫也许不适合你，但不代表你不能戴着高尔夫球帽去沙滩晒太阳，任何人都有让自己生活得非凡的可能。因为生活的品质，不在于做什么，而在于怎么做。只有把对生活美好的感情、饱满的精神贯注到举手投足间，然后花一点小心思给平淡的生活加一点小创意，在平凡、粗糙的生活中浇灌出芳香鲜艳的花，才有高品质的快乐、精彩的生活！

作为“创意女王”的李欣频就是一个随时能把平凡的生活瞬间变得精彩的女人。在很多人眼里，这个女人是一个不可思议的奇女子，她有很多头衔，也有很多经历。

她是台湾意识形态广告的文案天后，她是台湾政治大学广告研究所硕士，又在北京大学读博士，同时也是该校新闻与传播学院客座讲师，还是出版过多本畅销书的作家，也是“创意生活”节目的特约外景主持，她每天都阅读一本书，她在37岁时已经去过37个国家……

在自己的世界里，李欣频是一个自由的穿越者。在恬淡的微笑和柔软的语调背后是一颗灵动聪敏的心。有人这样评价她的文字：“她只是从生活的平淡无奇里，给自己加上一双艺术的翅膀，便轻轻地从日常的平静里，跃上了一刹那的文字高潮。”她的生活又何尝不是如此，给平静和平淡加上一点创意，立刻让她和她的生活变得光芒四射起来。

李欣频显然不喜欢被约定俗成的生活禁锢，她的那种可以随时告别一个人、一份工作、一个城市、一段关系、一种生活的勇气，是一般人难于理解和做到的。她的这种勇敢和不安分让她在很短的时间里就拥有了平常人一生都不可能拥有的精彩生活。她从不重复生活，所以生活对她而言永远都是新鲜的。她从不跟某一个固定的事物谈恋爱，因为她是博爱的，写作时她跟自己的内心恋爱，吃饭时她跟眼前的美食恋爱，旅行时她跟每一座城市恋爱……她每一天都能获得恋爱的幸福感，因为她随时随地都在创意着自己的生活，她让它变得跟任何人的生活都不一样，所以她的生命跟别人没有多少差别，她的人生却相当于别人过了好几辈子。

我们之所以过得无聊，是因为我们太喜欢安于现状了。那并不代表现状很好，而是因为我们跟它很熟，我们已经习惯了这种生活，哪怕枯燥乏味也舍不得丢弃，在大多数人眼里，熟悉的才是安全的，我们太害怕不安了。其实即使安于现状也没什么不行，只不过我们要把自己的现状变得精彩一些才行，让原本枯燥的生活变得精彩起来。自制一些生活小物件，改装你家的旧沙发，换一条路上班，哪怕你没有任何灵感，买一些充满创意和巧思的生活用品都是可以的，让创意一步一步地融入你的生活，你会发现原来自己也可以过得那么精彩。你的人生是你自己的，千万别让它跟别人的看起来没什么两样！

没有人告诉我们生活必须是怎样的，我们现在的日子都是参照别人来过，我们以为大多数人既然都如此，那就是对的。可是生活是没有对错的，只有是否让你觉得舒服。如果你已经厌倦了，说明你的生活出了问题，如果不想让它垮掉，你得给它注入活力，而创意就是最好的催化剂。

Dream

愿有身心一致的渴望

美国作家汤姆·金森把成功比喻成拥有曼妙身材的美女。他说，男人大都喜欢美女，但是不见得每个男人对美女都拥有高度的热情和实际的追求行动。换句话说，生活里，整天嚷嚷着渴望成功的人很多，可是真正对成功保持高度热情的人却很少。

法兰克·贝格是美国寿险推销天王。他原来是圣路易职业棒球队的三击手，在一次比赛中，他意外地被球击伤肩膀，被迫放弃职业棒球生涯，回到了家乡费城，在一家家具行担任分期付款的收款员。就这样，法兰克·贝格度过了他人生中最无聊的阶段。他后来在自传里写道："没有压力，没有任何情趣，每天就是机械似地处理千篇一律的单据，然后按月领取薪水。在那段单调的日子里，我完全看不到生活的曙光。"

因为对无聊工作感到厌恶，法兰克·贝格听从朋友的建议，尝试更具有挑战性的保险推销行业。不过让法兰克·贝格意想不到的是，在诚实人寿保险公司里的日子更成为他一生中最惨淡、最沮丧的时光。他四处碰壁，每天看到的都是别人厌恶的表情，尽管他使出了浑身解数，可他的销售业绩还是零。这种生活现状一度让他认为生活是灰色的。

更让法兰克·贝格觉得可怕的是，在公司里，像他这样的失败者比比皆是。在公司的走廊里，摆着许多椅子，这些椅子是为整天奔走的推销员准备的。所以，每天这些椅子上都会坐满身心疲惫的推销员。法兰克·贝格坐在这里，总能轻易地找出失败者。这些人跟他一样，见面的时候总会询问对方的业绩情况，最后给予对方鼓励。

事实上，他们是在彼此身上寻求安慰。听到对方说没有跑到单子的时候，他们心里总能感到一丝安慰，觉得自己并非是最差劲的。久而久之，法兰克·贝格厌烦了这种跟失败者沉沦的日子。他不愿意再这样沉沦下去，于是，他想到了改行。他参加了戴尔·卡耐基的培训课程，希望能成为卡耐基培训机构的专业讲师。

某天，他站到台上要完成自己的演讲作业。正当他讲到一半的时候，卡耐基打断了他的演讲，然后问道："先生，请问你对自己在台上所说的事情，充满浓厚的兴趣吗？"

法兰克·贝格回答道："是的，我当然对自己所讲的事情充满兴趣。"

这时，卡耐基又说："既然如此，你为什么不讲得更加生动和热情呢？你连自己感兴趣的事情都没办法表现出热情，又怎么能吸引听众产生共鸣呢？"说完，卡耐基示意法兰克·贝格暂停，并拿走了他的演讲稿。同样的内容，卡耐基在台上做出了生动的演绎，每个措辞、每个音调都好像充满了灵魂，他的每个肢体动作都深深地吸引了台下的听众。讲到最后，连卡耐基自己都兴奋不已。疯狂的时候，他还举起了椅子向墙边砸去。法兰克·贝格对这件事情感触很深刻。演讲培训结束后，卡耐基对法兰克·贝格说："先生，请你想清楚，你是否真心喜欢培训师这个职业。如果你对这份职业不感兴趣或毫无热情，那么你永远不会成功。我劝你还是尽早另作打算。"卡耐基的话深深地印在法兰克·贝格的脑海里。他不断地思考着，自己究竟喜欢哪份工作。

经过反复的思考，法兰克·贝格决定返回诚实人寿保险公司。他开始以全新的面貌去面对工作，每天都像充满能量一样对着客户微笑。就这样，凭借近乎疯狂的热情，法兰克·贝格的业绩终于有了零的突破，并最终迈向了销售天王的宝座。

在法兰克·贝格的故事里，我们可以看到热情的重要性。在生活中，无论对学习还是工作，我们都需要多点热情。因为热情可以帮助我们战胜对重复事件的厌烦情绪、对挫折的沮丧情绪，它可以提高我们对事情的坚持力，并使我们最终迈向成功的彼岸。如果，你从事的事情都不能使你迈向成功，那么你真该停下脚步审视自己是否喜欢现在从事的事业，是否少了点热情。

培养一种兴趣让自己活得热闹起来

可以“专情”于某个兴趣，长年累月地研究它、琢磨它，如收藏、书法、绘画等等。也可以不时地调整兴趣，今天舞刀弄剑明天饮茶下棋，谁能管得了你呢？兴趣最大的好处就是给你一份自由，你可以骄傲地说：“有钱难买我乐意！”

人总要有一种兴趣。大可上升至家国、民族、政治、宗教、军事，小可细致如琴棋书画、花鸟虫鱼。人可以把注意力放在思辨的形而上空间，也可以关注壶中天地、一己之性情。明朝人张岱的《陶庵梦忆》中有这样一句话：“人无癖不可与交，以其无深情也。”大概意思就是说，一个人若是没有一项痴迷的兴趣爱好，就不值得交往，因为这个人没有深厚的感情。可见，兴趣在人格塑造方面是占很大比重的。

慕容是个做平面设计的设计师，做起设计来像疯子，没日没夜加班加点也毫无怨言。一旦停下手头的工作，最大的兴趣就是吃。据他自己说，小时候家里很穷，平时连一块糖都很难吃到，所以他默默地许下了一个伟大的愿望，那就是努力挣钱，然后周游世界，不为看风景，只为吃尽各地的美食。如今，慕容那伟大的愿望实现了。他几乎每天都醉心于吃，就像一只永远都吃不饱的饿狼一般。这是他的一贯作风，在他看来，吃就应该专心致志地吃，饶有兴趣地吃，而不要三心二意，不要被外界所打扰。一天，慕容正在美食街享用梭边鱼火锅，公司老板给他打电话说："你快回公司一趟吧，你前一段时间做的那种糖果包装有一个大客户很看好，他现在很想跟你面谈一下，你赶快回来哦！"慕容一边津津有味地吃着鱼头，一边对老板说："我现在正在享受美食呢，你让他等着我啊。"旁边的朋友吓得不轻："慕容，你就这样对待客户、对待老板啊，不怕饭碗丢了？"他撇撇嘴说："我手边的这个饭碗更重要！"说完继续低头吃鱼。有意思的是，在公司等他的客户非但没有生气，还笑着说："因为是个吃货，所以才能设计这么好的吃货包装。我们等等没关系的。"

兴趣是一个人率真的表现。兴趣越浓，说明他花费的心思越多。所谓"痴"，就是长久地付出不变的感情。能够在一事一物上如此下功夫，这样的人是单纯可爱的。幽默大师林语堂多年嗜烟成癖，戒也戒不掉，干脆自嘲说：自己死后的墓志铭可以写作"此人文章烟气甚重"。兴趣不但可以陶冶我们的性情，丰富我们的情感，也可以让我们的生活变得色彩斑斓、更富乐趣。

兴趣兴趣，不是一时兴起，而是因为它确实有趣。有人闲来只爱喝咖啡，扬言：“我不在家里，就在咖啡馆。不在咖啡馆，就在去咖啡馆的路上。”在阳光明媚的午后，露天咖啡馆的遮阳伞下都会坐着不同年龄、不同肤色、不同语言却带着同样惬意表情的人们。一杯咖啡，一份精致的小点心，或看书看报，或上网聊天，抑或托着下巴独自发呆，都可以让你遁入一个灿烂而美好的梦中。黄浩维在《一杯咖啡泡了三百年》中写道：“咖啡的世界很小，但绝对精致和深邃。人专注于自己内心的时候是一种奇妙的美，这种美就像咖啡的味道，让人陶醉。”泡在咖啡馆里，伴随荡着奶香的氛围小口啜饮甘甜与苦涩混合的液体，透过那百转千回的滋味，蕴藏在体内的浪漫情调就会跃跃欲试，期待着美好事物的到来。

人生不过百年，三分之一的时间都在睡觉，上学、上班又要占去三分之一，其余的时间要交际、要应酬、要维系家人朋友的关系，大多数都在“别人”身上。只有兴趣是自己的，是滋润自己、丰富自己、娱乐自己的。你不必成为某个方面的专家，却可以让精神有个寄托，乐在其中，逍遥快活，一切烦恼在遭遇“兴趣”的时候都会烟消云散。不管你在职场中被折磨得多么筋疲力尽，有个好玩的“兴趣”在那里等着你，心里总会有个地方是甜的。如果说人生充满苦难的话，兴趣就是最好的一块糖。

Dream

情调即生活

人生很短，人生又很长，短得我们没有办法完成所有的梦想，长到周而复始的生活让我们不知何时才是尽头。平淡的生活很容易让人感到乏味和失去激情，需要不时添点佐料让它变得有滋有味。

在漫漫的人生道路上，如果只是为了工作而工作，为了生活而生活，难免会变得无趣。平淡的生活总是需要培养点小情小调，才能过得更有滋味，给自己的工作带来更多的灵感和无限的创造力。爱因斯坦曾说："音乐并不影响我的研究工作，而且由出于同一渴望的源泉滋生成长，它们是轻快又互相补充的。伟大的科学家和伟大的作曲家两者在这一点上是相同的——他们都是伟大的诗人。"

对于这一点，达尔文做了更加深刻的阐述，他在自传中这样写道："在30岁左右的时候，我对密尔顿、格勒、拜伦、华兹华斯、雪莱等人的诗是那样的入迷（当然，对莎士比亚的诗，尤其是他的历史剧，从学生时代起就已经入迷了）。我还敢说，自己对绘画和音乐有了浓厚的兴趣。但是，现在却大不相同了。这许多年来，我竟没有读完一首诗，有时我曾试着去重读莎士比亚的诗，但一拿起来就感到它很乏味和厌烦。到现在，我对绘画和音乐的兴趣也开始丧失了……我的思想似乎已经变成了一种机器，它只是机械地从无数事实和原料中提取出一般规律。”

“我真的不明白为什么对艺术爱好的丧失会引起心灵另一部分能力的衰退。我在想，一个具有比我更为高级、更为全面统一的意识的人是断然不会像我现在这样的。”

“假如我能够从头再活一次，我一定要给自己规定这样一个原则：每个星期要抽出一定的时间去读诗和听音乐。只有这样，我现在业已退化的那一部分能力才能在持续不断的使用中保持下来。事实上，失去这种趣味和能力就意味着失去了幸福，而且还会进一步损害理智，甚至可能会因为本性中情感成分的退化而危及道德心。”

如果对于一个伟大的科学家来说，兴趣和爱好是如此重要，那么追求成功的我们是不是更应该培养点小情小调，让自己思绪飞扬、活力无限呢？

已经九十多岁的卡尔萨斯已经老态龙钟，他患有严重的关节炎，双手肿胀，十指卷曲，连穿衣服都要别人帮助。就是这样一位生活自理都成问题的老人，只要一靠近他的钢琴便立刻变得神采飞扬起来。他像一个钢琴家一样健康、有力、敏捷。他的十指在琴键上奔跑，他的身体随着节奏摇摆，谁都看不出这是一位行将入土的老人。每当弹完一曲，他都能昂首挺胸地奔向餐桌，大口享受他美味的早餐，然后去海滩散步，迎接自己美丽崭新的一天。

对音乐的热爱，让这位普通老人的一生变得美丽而高贵，让他的每一天都变得神奇和充满活力。生活不再无聊，他面临的也不再是死亡的威胁，而是美好的生活。

情调就是这样一种东西，它不能给你带来任何成就，却能让你胃口大开，比取得任何成就都能让你感到快乐。

人不能总是保持一个姿势不变，那样是会让生活患上“颈椎病”的，生活的条条框框已经够多的了，培养点小情小调吧，它虽然不会让你的条框减少，但是起码可以让你活动活动筋骨，抖擞抖擞精神，也是很不错的！

心有情调，
生活才会有滋有味。

Dream

梦想是最持久的热情

富兰克林说过：你要追求工作，别让工作追求你。这句话要告诉我们，就是工作时应积极主动。

移山大法的传说

一位大师修炼几十年，终于参悟出一种“移山大法”。

一天，他带领着几位徒弟参禅悟道。徒弟说：“师父，听说您通晓‘移山大法’，不知能不能让我们见识一下呢？”

师父说：“好啊，那我就把对面那座山移过来吧。”说完，大师就开始打坐、念经。

数个时辰过去了，山仍一动不动。徒弟忍耐不住了：“师父，山怎么还不过来呢？”

师父不慌不忙地站起来，微微一笑抬脚就走：“既然山不过来，那么我就过去吧。”

简单的故事，却让人恍然大悟：世界上本没有移山之术，唯一能移山的方法就是：山不过来，我就过去。路在脚下，腿在身上。我们无法左右静止的远山，但我们可以控制自己，让自己主动向山走去。

人生旅程中，我们同样需要如此。

工作中掌握主动

迈克尔·乔丹说过，他不相信被动会有收获，凡事一定要主动出击。在竞争激烈的现代社会，每个机会都会有许多人竞争，要想把握机会，必须学会主动出击，化被动为主动。

史密斯是个超市理货员，他一直认为自己非常优秀，但总经理却数次拒绝了他的升职要求。这让史密斯很生气。

一天，史密斯整理完货架后，又开始和同事闲聊。正当他兴高采烈地谈论着昨晚看过的肥皂剧时，经理走了过来，示意史密斯跟着他。

史密斯很纳闷，不知道经理葫芦里卖的什么药。经理一句话也没有说，就开始动手整理货架。那些被顾客翻乱的商品，被他一一归置整齐。然后，经理又走到食品区，开始清理柜台，并将购物车清空，放到该放的地方。

史密斯惊讶地看着，终于明白，经理是在告诉自己：如果你想获得升迁机会，就要保持主动性，不能等着别人吩咐什么，才去做什么。

在这个新经济时代，那种“听命行事”、等待“老板吩咐”的机器人式员工，是不受欢迎的。企业需要的是那种主动做事的员工。每个老板都希望自己的员工能带着思考工作，在完成老板指令的同时，还会运用自身才干，做得比老板预期的更完美；主动学习更多的知识，不经督促自行把工作做完做好；了解自己的职位，随时调整并适应环境。如此，才能获得期待中的升职加薪机会。

爱情中也要主动

在工作中我们需要主动，在爱情中我们同样需要主动。“移山大法”是收获幸福爱情的不二法门。

生活中有许多“此情可待成追忆”“还君明珠双泪垂”的现象。这种现象虽说原因不同，但其共性却大多是因为双方或一方不主动，只是被动地接受命运而造成的结果。由于阴差阳错，他们就这样擦肩而过了，如果一开始能大胆地放下一些不重要的东西，也许就能打破僵局，收获美满人生。

飞飞是个非常美丽的女子，一见便会让人想起“巧笑倩兮”“美人如玉”这样的词语。可她眼看就30岁了，却依然待字闺中，甚至连男朋友都没有。

朋友和她相熟之后才了解到，飞飞并不缺乏追求者，可唯有一个曾让她心动。不过那段感情，却因为飞飞的怯懦和矜持，被斩断在萌芽中。

那个男生是飞飞在一次训练班上认识的。通过旁敲侧击她知道，男生的家在外地，他是某家贸易公司的经理，没有女朋友……课上，飞飞和他相互帮助、学习；课后，他们偶尔也会在一起用餐。

三个月的课程快结束了，飞飞其实很想告诉男生，她喜欢他。可出于女孩子的矜持，她不想贸然行动。就这样，直到男生离开，她都没有向男生表露心迹。更糟的是，她居然忘了问男生要任何联系方式。

这个男生就这样遗憾地滑出了飞飞的人生轨道。直到两年后，飞飞在人潮汹涌的地铁站再次看到他。

可是，此时男生的身边已有了女伴，是一位样貌、气质都平平的女子。飞飞想，假如当时她能主动一点，告诉他自己喜欢他，那么现在挽着他手臂的，很可能就是自己了。她有些茫然若失，却只能眼睁睁地看着幸福越走越远。

如果多一点主动，那飞飞就不必遗憾、怅惘，而可能已经和心爱的人比翼双飞了。可惜的是，她一直被动地等在原地，却不想非但没有等他走近，反而让他走出了自己的生命。

遇到爱的，请说出口。哪怕遭到拒绝，至少我们可以少一点遗憾。如果我们表白了，就有可能被接受，增加了从此幸福的可能。每个人都有追求幸福的权利，只要自己不错过，就可能获得最终的幸福。

·Part 05·

爱的旅程，终于如愿等到你

在爱情的旅途中，

最可贵地是遇见深情和了解，

然后携手共度往后的日日夜夜、千山万水。

缠绵的爱情与柴米油盐的生活，

都是一种暖心的馈赠，

因为与你一起变老，再长的等待也没有关系。

长长的路上，让爱情慢慢地走。

Dream

人生只如初见

“人生若只如初见”，只一个“若”字，不由得勾起无限辛酸，这个世界上最缺乏的便是“如果”，因为它从来没有存在过。所以若真能只似初见，那也就成全了世上的痴男怨女，为永远相爱提供了可能。

“人生若只如初见，何事秋风悲画扇。”纳兰性德的一句清词勾起了多少人心底的那最柔软的哀伤？不管岁月如何打磨，时光怎样荏苒，如果恋人间总是那初见时的模样，总有那初恋般的感觉，那么世上不知会少了多少对痴男怨女的耿耿于怀，更不知多了多少对比翼双飞的缠绵浪漫。

只可惜“相看两不厌”经不起岁月的检验和世事的变迁，原本闪闪发光的爱情总有失去光泽的时候。当激情退却，容颜老去，心灵不再莫名悸动之时，我们的爱情又当如何自处呢？所以几乎所有的人都明白“人生若只如初见”只是种理想。不过，虽然理想的事情很难实现，但是爱情却依然可以保鲜，即使“初见”并不那么美好，只要懂得经营，一样可以开出幸福的花朵。

帕兹达列尼是泰戈尔的父亲替他选定的妻子。帕兹达列尼是一个低等婆罗门种姓的姑娘。她既不漂亮，又没有文化，和泰戈尔心目中的妻子完全不搭边儿，更谈不上“初见”的美妙感觉。

刚结婚时，泰戈尔可以说完全是在容忍妻子。但是，很快帕兹达列尼就用她的淳朴善良打动了泰戈尔，让泰戈尔忘记了她原本的不足。她给予泰戈尔恰到好处的体贴和照顾。渐渐地，她成了泰戈尔的最佳帮手，而她的贤惠和无私也赢得了泰戈尔的尊重。

当然，在两人之间，由于彼此文化修养和成长环境所带来的不契合并没有消失。生活中，不愉快的事情也时有发生。为了更融洽，泰戈尔常常抽出时间陪妻子聊天、拉家常。在交谈中，他们增加了对彼此的了解，也理解了彼此的看法和要求。就这样，泰戈尔对妻子的感情从无到有，越变越深。

他们结婚19年后，帕兹达列尼患上了重病。整整两个月，泰戈尔守在她的身边、昼夜看护她。妻子病逝后，泰戈尔更是悲痛欲绝，常常因为思念妻子而通宵达旦地在阳台上来回踱步。他的小诗集《追忆》就是在这样的思念中创作出来的。

爱情可以有很多种表现形式，从开始时的轰轰烈烈到后来的后劲不足，于是有了“人生若只如初见”的感叹；但它也可以渐入佳境，历久弥新，像陈年老酒那样越久越香。一切都在于自己的选择。

在被逼婚的情况下，你就范了吗

塔索说：“任何时候为爱情付出一切都不会白白浪费。”婚前，我们执着地追求爱情。婚后，我们树立“主人翁意识”，坚定地捍卫爱情。越挫越勇，信心十足，爱情总会回报给我们丰硕的成果。

研究生毕业之后，尤勇不过27岁，没有女朋友。按照他自己的想法，要先立业再成家，把事业基础打牢固再恋爱结婚。可是父母总催着：“再不找女朋友你就是剩男啦！”尤勇郁闷了：“爸妈啥时候学会这么新潮的词儿了？”禁不住家里一再催促，他终于同意去相亲了，而且把很多业余时间都用在了相亲上。有父母介绍的，也有同事介绍的，还有婚恋网站上认识的，甚至还有仍旧单身的女同学。他见识了形形色色的女孩，经历了好多哭笑不得的场面，一度对“爱情”这东西心灰意懒、几近绝望了。

后来尤勇终于想通了，有什么可失望的？恋爱必须慎重，年龄要相仿，学历要相当，家庭条件至少也要匹配，最重要还得两情相悦……哪一个方面不搭调都有可能不和谐。找女友毕竟不是买菜，不是讨价还价之后就能一手交钱一手交货。爱情需要缘分，自己不就是缘分还没到吗？反正又不着急结婚，遇不到合适的人没有太大损失。去见一面，成功了当然好，不成功也不要被挫败感吞噬，随遇而安吧。他只是坚定了最初的念头——宁缺毋滥。“爱要越挫越勇，爱要坚定执着。每一个单身的人得看透，想爱就别怕伤痛……”他把这首《单身情歌》放在MP3里，鼓励自己不让爱情大打折扣，不向世俗的“逼婚”低头。

爱情童话给我们设置了太多美好的期待：史莱克那样的“怪物”也会娶到公主；灰姑娘总能遇到王子；海盗也能赢得美女的芳心……在爱情这件事上，“坚持”的人总能得到一份命运的厚礼。但是大多数人在现实中都遭遇残酷的打击：怪物就得配巫婆；灰姑娘只能嫁农夫……渐渐地，大家更愿意向现实低头，把最初的理想遗忘。可是，你有没有想过，假如多坚持一下，事情会不会不同？倘若再多看一眼，结局会不会改写？很多遗憾的发生就是因为少了那最后一次的尝试。

电影《全城热恋》里的小方，一心要追求工厂女工小琪，跟她打了一个赌：如果能够在厂外那棵大树下连续站上一百天，她就做他女朋友。当时正值酷暑，高温难耐，小方真的顶着草帽站在树下履行自己的诺言。小琪故意装作不在意的样子，实际上暗暗数着天数。然而，就当小方的诚意逐渐打动了小琪的时候，小琪的老板开始向小琪示好。小琪家境困难，母亲劝她接受老板的好意，进而摆脱穷苦状态变身阔太太。小方误以为小琪真的成了老板的女友，心灰意冷地放弃了“一百天”的诺言，要去大都市闯荡、挣大钱。后来，还是小琪鼓足勇气追到火车站，用高音喇叭对小方喊：“你为什么不站下去，为什么不站下去……”车厢里的小方痛哭流涕，终于知道感情在双方心中的份量。想想看，这样的故事离我们并不远。很多穷小子折不到“花枝”，并不是因为“穷”。穷只是暂时的表象，姑娘们不跟他们在一起的很大原因是“恨你没志气”。不光是“单身时”“恋爱中”需要越挫越勇的勇气，“结婚后”同样需要鼓足勇气捍卫受到威胁的婚姻。很多人认为已经完成了那个“王子公主有情人终成眷属”的童话故事，而在后来的生活中遭遇诱惑，导致婚姻岌岌可危。

如果有人觊觎你的幸福果实，你要怎么办呢？自然不能拱手相让，既然有“外敌入侵”，我们当然有义务保卫好自己的家园。爱情的果实不能单方面托付给一方去经营和保管，两个人都要做到“兵来将挡水来土掩”，争取清除外患，夫妻弥合。爱情的发生也许是一瞬间的事——所谓一见钟情大多如此。可是，爱情的经营却是长时间甚至终身的事——如果你不是游戏人生的话。所以，爱情三十六计也罢，爱情兵法也罢，你总要拿出些打仗的味道来认真守护自己的爱情，守护自己的心。越挫越勇，不畏艰险，让心中的浪漫缠绵到底。

生活总是让我们遍体鳞伤，但到后来，
那些受伤的地方一定会变成我们最强壮的地方。

Dream

打开心扉，才有可能迎来爱情

爱情像一朵长满刺的玫瑰，妖艳欲滴、美丽诱人，却会在你采摘时扎到你的手指。喜爱玫瑰吗？那就不要害怕它会扎手，因为任何为此所付出的伤痛，都不足以抵消它带给人的美好。不要为了害怕受伤而拒绝爱情，因为它是人生中最绚丽的花朵，错过是会后悔的！

人们迷恋爱情又害怕爱情。迷恋它是因为它会给人一种眩晕的幸福感，害怕它是因为晕眩过后很可能会让你摔得头破血流。但是如果我们因害怕受伤而选择逃避，那我们便永远无法领略到爱情的甜美，一个没有爱过的人错过的将是人生中最美好的东西。所以，千万不要把自己的心锁在孤独里舔舐寂寞，只有敞开心扉接纳各种各样的爱，我们的心灵才会变得丰实美满，才能迎来爱情的降临。

从前，有一颗心灵从自己家中走出来，准备去亲朋好友家做客。可是这颗心灵连续敲了好几家的大门都吃了闭门羹，“这些朋友明明都在家里，为什么不给我开门呢？”心灵哭了，哭得很伤心。

这颗心灵带着满脸泪珠回到家里，它决定也将自己的大门紧闭，不会让其他心灵进门，就算关系再好也不行！心灵任性地执行着自己的决定。

门外响起敲门声，心灵猛地一收缩，但是它执意不开门。过了一会儿，门外的声音小了。这颗自闭的心灵孤独地待在家中很是寂寞，可是为了报复朋友们不开门，它仍然一意孤行。

心灵越来越痛苦，在一次午夜它对自己的主人说：“我不幸福。”

主人笑了：“你敲朋友的大门时它们没有开门，但这只是一个意外现象。也许它们没有听到，也许它们正在忙碌，可是你回来后就将大门紧闭，把所有心灵都拒之门外，这样下来何谈幸福呢？试想，每颗心灵都把别人拒之门外，久而久之街上就会变得很冷清，世界变得很寂静。了无生趣的世界是毫无意义的，幸福当然不会到来。”

“那我该怎么办呢？”心灵痛苦地问道。

“很简单，打开你家的大门，让心门敞开，只有这样才能接纳各种各样的事物和形形色色的心灵，幸福自然就会到来了。”主人回答。

这颗心灵照做了，它将心门敞开。果然，以前门可罗雀的场景改变了，宾客盈门，亲朋好友络绎不绝，而其中有一颗心灵让它怦然心动，它羞涩地笑了，笑得很开心，它对自己的主人说："我找到自己的幸福了，它原来如此美妙！"

就像一位神父所说的那样："去爱吧，像不曾受过一次伤一样；跳舞吧，像没有人欣赏一样；唱歌吧，像没有任何人聆听一样；干活吧，像不需要钱一样；生活吧，像今天是末日一样！"幸福是需要勇敢来支撑的，每一份付出与执着都能带给你不同的回馈。爱情的道路上总有崎岖，但是没有它们便不足以领略爱情的壮美。敞开我们的心扉吧，去迎接那些等待我们去爱的人，即使受伤也总比遗憾要强得多。

小春和小夏是一对孪生姐妹，大学毕业后，小春为了能和心爱的男友厮守在一起，远渡重洋投奔了爱情，早早地结婚生子。小夏则不同，她毕业后没有像姐姐一样，早早地做了家庭主妇，而是继续读书深造。

六年之后，小春已经是一个五岁孩子的母亲，小夏则运用学到的知识开辟了职场新天地。某日，小春从大洋彼岸归来，两姐妹在一起谈着心，聊着天。

小春说："真羡慕你，成了女强人。唉，当初我还不如晚几年结婚，省的像现在这样整天围着老公和孩子转。"

"羡慕我？你知道我有多么羡慕你吗？自己创业的艰辛让我整整瘦了好几圈，有时候我就在想，还不如像你一样早早结婚算了。现在的我都三十多了，还在可怜地遥望着幸福。如果可以选择，我宁愿当初选择的是爱情，而不是学业。”

我们错过的往往是人生中最美好的部分，但是当我们意识到的时候往往已经晚了。所以，恋爱吧，当你还没有爱过，当你的心中还有爱的时候。人生是等不起的，请不要让那个等你来爱的人等得太久！

爱情是人类不可或缺的一部分，幸福其实时刻萦绕在身边，只要你能打开心门给爱一个寄居的栖身之所，就会体味到幸福的存在。如果你还不曾爱过，那么请把心门打开，给别人一个机会，也给自己一个机会吧！

Dream

彼此靠近不是为了擦肩，而是为了爱

爱是一件神圣而伟大的事情，没有什么好羞于说出口的。你要明白，你所爱着的那个人正在等你的那句话呢，你又怎么忍心让他（她）失望？

对于情感的表达，大部分人是内敛的，人们不习惯将感谢、关爱放在嘴上，很多人都觉得爱是应该放在心里的，说出来就不美了。可是，在爱的领域，如果双方都不好意思表达自己的情感，将喜怒哀乐都藏在心里让对方去猜，那该有多累？如果一不小心猜错了呢？我们是不是就会失去世界上一段美丽的爱情呢？

一个高情商的人深知爱情是两个人之间的感情互动，总要有一方先站出来，既然自己先喜欢上了对方，为什么不索性主动点呢？

马克思和燕妮是世界上让所有情侣都羡慕的一对，当马克思发现自己爱上燕妮时，他毫不犹豫地表达了自己的感情。他对燕妮说："燕妮，我爱上一个人，决定向她表白。"由于燕妮也爱恋着马克思，因此不由一愣，急切地问："你真爱她吗？"

"当然，她是我见过的最好的姑娘，我会爱她直到永远！"马克思满怀深情地说。

听完后，燕妮强忍伤感，平静地说："祝你幸福！"此时，马克思将答案揭晓："她的名字叫燕妮。我爱你，亲爱的！"

无疑，伟大的马克思是一个表达爱情的高手，因为在他眼里，爱情是无比崇高的，他爱上了一个值得自己爱的女人，他当然要让她知道！

所以，既然我们心里有爱，为何不向对方表达出来呢？倘若你只是用自己的方式、自己的体会去爱对方，有时候可能会被误解。所以，如果你爱对方、在乎对方，就大声地说出来，让对方看得到、听得到、感受得到。

不要让别人只是用"猜"的方式获知你的关爱，而是要让对方时时感受到你的心意。不仅是你的爱，你的一切情感都应该试着让对方了解。你如果爱他，就不要害怕让对方知道，让对方了解你内心的想法没有什么不好。你只有将自己的情感都表露出来，对方才会明白自己在你心目当中有多重要，才能了解自己的一举一动是怎样牵动着你的喜怒哀愁。你愿意将自己的喜怒哀愁与他分享，说明你希望他走进你的世界。面对一个愿意为自己打开心门的人，是没有人能够拒绝的。试想，如果一个深爱你的人，他对你的感受只字不提，你是不是也会怀疑他对你感情的真诚度呢？反之亦然。

Dream

是忍耐让爱历久弥新

有句话说："在这个世界上，即使是最幸福的婚姻，一生中也会有两百次离婚的念头和五十次掐死对方的想法。"参考这个，当你实在"忍"不住的时候，开始计数吧。说不定数着数着你自己就会笑出声来，再不想离开那个冤家。

某男觉得妻子越来越懒惰、自私、娇气、无理取闹，于是讨厌回家，渐渐就有了外遇。后来，他下定决心跟貌美如花的情人在一起，就向发妻提出了离婚。妻子得知他去意已决，没有花心思挽留，干脆地在离婚协议上签了字。两个人没有孩子，分道扬镳之后便各自开始了新的生活。

那男人顺理成章地跟情人结了婚，一年之后，他的前妻也第二次迈进了婚姻殿堂。他们没有直接联系，但是男人在朋友那里间或听到前妻的消息，知道她再嫁的老公对她很好，夫妻恩爱，生活质量也不错，她变得越来越美丽。男人听到这样的话时心里很不是滋味，因为他自己过得并不好。先前温婉可人的情人成为妻子之后变得懒惰、自私、娇气、无理取闹，简直跟他的前妻如出一辙。他郁闷地想：怎么我娶的老婆一个不如一个呢？一个偶然机会，在一次饭局上，他遇到前妻。前妻没有多看他一眼，他却看了她无数眼，因为她端庄、漂亮、落落大方，完全是一副幸福女人的模样。他忍不住凑过去跟她攀谈，诉说自己的悔恨和懊恼。前妻耐心倾听，最后莞尔一笑："你有没有想过，为什么女人到了你身边就会变得懒惰、自私、娇气、无理取闹？"男人错愕："你这话什么意思？难道是我的错？""你看，你的脾气一点都没有改。"前妻笑笑，"从前你很少跟我认认真真说话，我有心事对你说，你也一脸爱理不理的表情，全无半点耐心。估计，你现在的妻子也是被你的暴躁脾气摧残得不成样子。"男人刚想发作，听了她的话就强忍住怒火："难道我就应该纵容你的小脾气吗？""你没听过一句话吗？"前妻娴静地笑，"没有天生的巫婆，只有后天的黄脸婆。如果你希望妻子是公主，就要把她当公主对待，多忍让，多娇宠。如果你把妻子当成黄脸婆看待，那就不要怪她越来越像黄脸婆。一个对女人不尊重的男人，得不到公主，只能守着黄脸婆。""你真恶毒！"男人咬牙切齿地说了一句。前妻叹了口气，摇摇头说："我不想在你面前夸赞我现在的丈夫，我觉得那样没意义。但是看你过得这么不幸福，我还是想教教你。他工作很勤勉，但是回家之后还会帮我做家务，至少在我做饭的时候帮着剥蒜摘葱，吃饭之后会主动洗碗。我身体不舒服的时候他会嘘寒问暖，我偶尔发发小脾气他会宽容地笑笑，并不跟我计较。如果你能够做到这些，你的婚姻也会很甜蜜，你的妻子也会越来越像公主。”

说完这些，前妻留给他一个华丽的背影，转身离去。他站在原地，心里无限嫉妒的同时，也不得不反思她刚才的话，确实有些道理。很多人都说，爱要互相包容，婚姻就是要学会持久地忍耐。可是到了现实生活中，人们很容易就把这些话忘得干干净净。毕竟夫妻二人性格、爱好、处事原则、做事方式等方面都不可能完全一致，摩擦和磕碰就在所难免了。若是一方的棱角相当鲜明突出，难免会“战争升级”。很多婚姻就是伴随着一句“受不了”画上了句号。每个涉足婚姻的人都该静下心来想一想，自己不再是任性的小姑娘、小男孩了，家里至少是两个人共同的领地，遇事不能只想自己，还要顾及对方的感受。学会在遇到麻烦时开个玩笑，学会在出现矛盾时一笑而过。婚姻中男人要学会忍耐，女人要学会装聋作哑，才能保证在小小的空间里不刺痛对方，保持最合适的距离。

有位婚姻问题专家受邀到一所家政学校去讲课，给已婚的太太们传授“婚姻幸福的方法”。开始讲课之前，他在黑板前挂了一叠图表。很多太太在下面窃窃私语。他说：“关于经营幸福婚姻的理论有千千万，实用的却少而又少。我研究几十年，觉得这些理论可以总结为一个数学公式。”说着，他掀开第一张图表，上面只有一行字：“婚姻幸福的秘诀只有两点：嫁一个好人；做一个好人。”

在座的众位太太表现出满脸不屑，其中一位忍不住站起来说："这不是等于没说一样嘛！不结婚，谁知道他好不好？结婚之后，我觉得自己很好，丈夫却不这么说！"宛若一石激起千层浪，刚才那些人只是不屑，但这句话得到了众多人的赞同。大家都点头同意，甚至开始七嘴八舌地抱怨起先生来。

"大家请安静一下！"专家微笑示意，"如果你们觉得先生不够好，而自己已经做得很好，婚姻偏又出现了问题，那就请看第二张表格。"专家翻开第二张图表，上面不再是一句话，而是四句："习惯忍耐；帮助对方；养成傻瓜的品性；学着装糊涂。"这四句话引起了台下更大的喧哗。大家众口一词："不行，根本做不到。"

"如果做不到这四点，那你就得做到以下十六点，"专家翻开第三张图表，上面写着："两个人不同时发脾气；除非有紧急事件发生，否则不要在家里大声吼叫；发生争执时，让对方赢；不记隔夜仇；争吵后外出不超过8小时；批评时就事论事，不要伤及感情；随时准备认错道歉；不听信不利于家庭和睦的谣言；给对方留足私人空间；不要带着气上床；两个人总要有一个在家里；对方不希望你打扰时，不要去打扰；不偷接对方电话，不翻看对方短信；彼此的财政状况要透明公开；家里要有一本账目；不偏袒任何一方的父母。"专家念完这些，大家不再喧哗，而是笑起来，认为他在说笑话。有些干脆不想再听下去，认为这个专家根本就给不了实质性的建议。

专家则笑说："如果不想照做这些，就要参考下面的256句话了。"他翻开挂图的第四页，上面挤满小得像蚂蚁一样的文字。专家说："到这一步，婚姻就已经很危险了。"在座的妻子们终于明白了专家的意思，一个"忍"字原来可以省去后面那么多的麻烦啊。她们争抢着要抄写前面三张图表的内容，渴望回去跟丈夫分享。

婚姻，实在是一场意志力的大考验，更像两个人的拉锯战。能忍的一方看起来"吃亏受苦"，却能赢得大多数人的支持和同情，并终究得到对方的道歉和谅解。夫妻共同经营一个家，一时雷雨大作，转眼又是晴空万里。许多不快往往都会在相互沟通和调解中自然化解，倒也增添了爱情的几分美好与浪漫。

Dream

遇见之后还有千山万水要走

说“婚姻是爱情的坟墓”的人，或许正是坟墓的缔造者。能够经受住流年冲刷浸染而不褪色的爱情，才是真正的爱情。

有社会学家做过这样的统计：在这个大千世界里，两个人相遇的可能性大约是千分之一；两个人成为朋友的可能性大约是两亿分之一；两个人成为终身伴侣的可能性只有五十亿分之一。想想看，芸芸众生之中，能执子之手，与另一个人携手建立家庭，这是多么不容易。既然遇上了，难说是几世修来的福泽，两人真应该在一起共同迎接生活的挑战。

在一场突然到来的破坏性地震中，一对夫妻双双被压在坍塌的废墟中，无法挪动。黑暗、恐惧、干渴、饥饿、伤痛……每一样都把人逼向绝望。妻子几乎放弃了求生的信心和勇气，只想在丈夫身边一同赴死。丈夫却没有放弃希望，用尽全力紧紧拉着妻子的手，带着她回顾他们恋爱时的美好时光，给她讲他上班时经历的趣事、出差时看过的动人风景，甚至饶有兴致地讲述精美菜肴的烹调方法……从前他太忙了，没机会跟妻子讲这么多话。直到五天后，救援人员才找到这对夫妻。妻子顺利得救，丈夫却在迎来光明前离开了人世。人们发现，丈夫的伤势要远远重于妻子，很难想象他忍受了多大痛苦才让爱人鼓起了生还的信心，他用自己的实际行动证明了爱情的无坚不摧。这是一个感人的故事，我们在心动的同时，不免想到另一个方面——一生能有几次这样出生入死的机会呢？是的，没有。我们共同面对的不是刀山火海，而是“平淡”。多少人跟着姜育恒唱：“平平淡淡从从容容才是真。”但是很多人根本经受不住平淡生活的煎熬。特别是到了一定的年纪之后，事业日趋稳健，家庭相对安稳，爱情不冷不热，生活不温不火。每一天都像是同一天，人在憎恶麻木的同时，无可挽回地继续麻木下去。于是，夫妻开始为了一些微不足道的小事而互相攻击、批评对方，上纲上线，不依不饶。例如马桶盖子是否放下，床单有没有铺平，晚饭迟了，本月开支过多，约好周末一起看电影结果取消了……这类小争吵越来越多，让彼此的爱一点一滴地损耗殆尽了。

有位法官审理过近四万件离婚案，并成功地劝说两千对夫妇复婚。他回顾这些大同小异的故事时说：“大部分的夫妇不和，根本原因是琐屑的事。如果丈夫离家上班的时候，太太能向他挥手再见或者来个吻别，可能就会使许多夫妇免于离婚。”

电影《革命之路》讲述的就是一对在“平淡”和“激情”之

间摇摆挣扎的夫妻。丈夫是城里一家公司的白领职员，每天按部就班朝九晚五地上下班，妻子在家做家务带孩子。他们的生活和周围邻居的生活一模一样，全无新意。忽然有一天，妻子觉得应该改变这种状况，去巴黎寻找新的激情。丈夫思考再三，同意了妻子的建议。

可是，正当他们即将出发时，妻子发现自己怀孕了。丈夫觉得他们应该留下来，继续生孩子、养孩子、延续从前的生活。妻子却一气之下将孩子流产，而自己则不幸意外去世。悲剧的出现正是因为双方看待“平淡”的态度不同。丈夫不愿意做大的改变，宁愿在办公室搞搞艳遇，寻求婚外情的“刺激”，也不愿脱离原先生活的轨道。而妻子为了让生活更加丰富多彩，采用了一种极端的方式。

很难说谁对谁错，只能说他们没有清醒地意识到：平淡恰恰是生活的最常态。精彩不一定要完全颠覆原有的生活，而可以在某些小事上体现。有的丈夫不论多忙，每天都会发条信息说：“老婆，亲！”这件小事的含义在于，用最平常不过的举动向你所爱的人表示你在想念着她，这就是爱。如果每对夫妻都能在这样的小细节上花一点点时间和心思，平淡的流年也是很美好的。

带着一颗从容、坚定的心走过山重水复的流年，
笑看风尘起落的人间，
我知道我终将抵达远方那个美好的你。

Dream

爱的保鲜术

婚姻不是爱情的休止符，更不是爱情的坟墓，它是爱情生活化的开始，但生活化了的爱情同样需要表达，而且迫切地需要表达！

夫妻是曾经在爱情的国度里并肩作战的两个人，他们通过层层阻碍终于走到了一起，迎来了期盼的硕果。“百年修得同船渡，千年修得共枕眠。”那是一种多么不容易的缘分啊！既然遇上了，要在一起共同迎接新的生活挑战。如果认为结了婚彼此就已经属于对方，已经是自己人了，认为一切尽在不言中了，那样便会少了很多乐趣和幸福感，因为爱情也需要“保鲜”。

有一对老夫妻，到大饭店过他们的结婚纪念日。这已经是他们结婚的第50个纪念日了，不可言说的幸福在两人心间流淌着。

好吃又好看的菜肴陆续上桌，都是夫妻两人喜欢的。当一盘还冒着热气的清蒸鱼被端到桌上时，老先生迫不及待地将鱼头及鱼尾夹下来放进碟子里，双手递给老太太，说："这给你吃。"

没想到老太太竟然放声大哭了起来，她千般委屈地说："我嫁给你整整50年了，跟着你过了多少苦日子，我从没有计较抱怨过。可你知道吗，我最不喜欢吃鱼头和鱼尾了，但是，为了把中间好吃的部分留给你，却吃了50年的鱼头和鱼尾。可是今天这样的日子，你竟然还是让我吃鱼头、鱼尾，真没良心。"老先生听完，不禁感慨道："自从50年前，你不顾家人反对，义无反顾地嫁给我这个穷小子时，我就对天发誓：这一辈子我一定要尽自己最大的努力给你幸福。一条鱼，鱼头、鱼尾是我最喜欢吃的部分，我一直以为你喜欢吃，自从结婚后，我就从来没有吃过它，因为我要把生命中最珍贵的东西都给你。"

婚姻不是爱情的坟墓，而是爱情的起点。所以，不要以为结了婚就用不着再表达了。彼此既然深爱着对方，为什么要选择保持缄默，让人猜呢？让彼此知道对方的心意，时时感受到爱情的甜蜜和温暖，日子不是会过得更加美满惬意吗？难道要像那对老夫妻一样，到了最后，还要留一肚子的委屈吗？当然不要！

对于所有相爱的男女来说，在经历过如同天雷勾动地火的恋爱之后，婚姻会变得朴实无华，人们也认为"平淡"就是婚姻的本貌。其实，只要我们肯花时间和精力去经营，婚姻就会是另一番景象。我们不应该任由爱在时光的漏斗中一点一点流走，如果我们习惯一天天地去经营婚姻中的爱情，那么，即便到了两鬓斑白的那天，我们的爱情依然年轻得如豆蔻年华一般。

Dream

珍惜身边的这个人

我们总哀叹无法确定谁才是今生的最爱。可我们应该知道的是，如果不懂得珍惜，哪怕现在身边的这个人，也会在某一天走出我们的生命，成为最熟悉的陌生过客。

有这样一个故事：

一条小鱼，为了寻求幸福而离家出走。它游啊游，游到离家很远的地方，终于游不动了。这时它看见一条大鱼，就连忙问道：“大鱼大鱼请你告诉我，怎样才能到达大海啊？”大鱼奇怪地反问：“你不知道你现在就在大海里吗？”小鱼却说：“啊？我不知道啊，我觉着我只是在水里而已啊！”

很多时候，我们就像那条愚蠢的小鱼，明明已经找到了爱与幸福，却不自知珍惜，反而费尽心力想逃离，去寻找想象中的虚幻幸福。得到的不去珍爱，总以为远处还有更好的在等待，这是人们在爱情和婚姻中常犯的错误。

其实，无论是过去的还是未来的，都不如现在正陪伴着我们的人值得珍惜。因为过去的再好已不属于自己，只能作为回忆珍藏；而未来的也不一定会一直在那里等着我们，很可能等来一场空，徒增遗憾。

爱一个人需要很大的勇气，如果有人把他的爱给了你，而你也接受了，那么，请学会珍惜。佛说过：前世500年的回眸才换来今生的擦肩而过，我们有什么理由不好好珍惜对方那颗捧出的心？

有一只修炼了千年的蜘蛛，遇到了佛祖。

佛祖问："蜘蛛，以你千年的修炼，是否悟出了世间何物最宝贵？"

蜘蛛想了想，回答说："'得不到'和'已失去'是世间最宝贵的东西。"佛祖不置可否，离开了。

又过了一千年，蜘蛛又见到了佛祖。佛祖依旧问了那个问题："世间何物最宝贵？"

蜘蛛依然说："'得不到'和'已失去'是世间最宝贵的东西。"佛祖依然没说什么，转身离去。

一千年转瞬即逝。一天，一滴甘露忽然被大风吹到了蛛网上。蜘蛛望着美丽的甘露，顿生喜爱之意。但没一会儿，大风又把甘露吹走了。蜘蛛非常难过。

这时佛祖又来了，他问蜘蛛："世间何物最宝贵？"蜘蛛依然告诉佛祖："'得不到'和'已失去'是世间最宝贵的东西。"佛祖说：“既然你这样认为，就投胎去人间一次吧。”

就这样，蜘蛛投胎到了一个官宦家庭，成了一位千金小姐，取名蛛儿。一晃16年过去，蛛儿长成了一个婀娜的少女。

一日，皇帝在后花园为新科状元甘鹿举行庆功宴席，邀请了许多妙龄少女参加。蛛儿和皇帝的女儿长风公主都在其中。少女们都被状元郎的才华相貌倾倒，蛛儿也不例外。

过了些日子，皇帝降下旨意，命新科状元甘鹿娶长风公主，而蛛儿则要嫁给太子芝草。听到这一消息，蛛儿非常震惊，她觉得自己不爱太子，而爱那个状元。她难过得吃不下饭、睡不着觉，以致久病不起，气息奄奄。

太子芝草知道后，急忙奔到蛛儿床边，对即将死去的蛛儿说：“那日，我在后花园见到姑娘，一见钟情。我苦求父皇将你赐婚给我。我爱你至深，若你死了，我绝不独活。”说着，他就举剑自刎。

蛛儿的魂魄游荡在床边，看到了佛祖的身影。佛祖对快要飘走的蛛儿的灵魂说：“蜘蛛，你可曾想过，甘露（甘鹿）是风（长风公主）带来的，最后也会被风带走。甘鹿是属于长风公主的。而太子芝草是你蛛网下面的一棵小草，他看了你三千年，爱了你三千年，但你却从没有低头看过他。蜘蛛，我再问你，世间什么最宝贵？”

蛛儿听了，一下子大彻大悟，她对佛祖说：“世间最宝贵的不是‘得不到’和‘已失去’，而是现在能把握的幸福。”刚说完，蛛儿的灵魂就回到了身上。她睁开眼睛，看到太子正悲恸欲绝地准备殉情，忙打落他的宝剑，和他深深地拥抱在一起……

看完这个故事，你是否有一丝触动？你是否和那个蛛儿一样，总以为得不到的才是最宝贵的？你又是否能最终醒悟，“世间最珍贵的不是‘得不到’和‘已失去’，而是现在能把握的幸福”？

茫茫人海中，如果能找到一个相知相爱的人，是多么不容易。所以，一旦找到了，请用生命去珍惜。哪怕对方并没有你想象中的那么美好，但他（她）既然是你的选择，就请努力爱他（她）。多怜惜，少苛责。多宽容，少计较。唯有加倍珍惜，才会收获良多。

相爱的时候需要坦诚，争执的时候需要宽容，生气的时候需要冷静，快乐的时候需要分享，指责的时候需要退让。一个人的生命里，擦肩而过的千千万万，有几个能与你携手并肩？与其众里寻他千百度，不如怜惜眼前人。

有的人走了就再也没有回来过，
所以等待和犹豫才是这个世界上最无情的杀手。

就这样，与爱情一起变老

爱情是美好的，但爱情又往往是短暂的，当澎湃的激情退却后，爱情仿佛变得后继无力。于是人们给爱情加上了保质期，一旦过期就免不了遭遇下架的命运，又有几个人能真的将爱情进行到底呢?

“执子之手，与子偕老”是一句多么令人感动的话啊，在速食主义大行其道的今天，一份爱情的长度从一辈子缩短到了一瞬间。在变化飞快的今天，长久地守候一份感情似乎变得越来越困难。人们对分手、离婚、一夜情已经司空见惯，开放的心态让人们学会了对背叛的宽容和原谅，却同时对本该珍惜的东西少了一份执着与坚持。有时候我们也会问自己，究竟是我们背叛了爱情，还是爱情远离了我们。

也许有了太多的诱惑后，保持一份感情的忠贞就成了一件很难的事情。即使我们严防道德底线，能够不背叛彼此的爱情，可是随着时间的推移，爱情原本的色彩也会逐渐消褪。那个原本在你眼里因为爱情而闪闪发光的人，随着时间的转移也变得不再那么光彩夺目。因为已经太习惯彼此了，有时候甚至到了一种无视彼此的状态，这也许就是人们常说的审美疲劳，因为疲劳所以便开始想要换点新鲜的刺激，于是选择彼此疏离。

萨拉和老公走进婚姻的围城已经是第五个年头了，激情退去之后，夫妻两个人描述现在的婚姻就是平淡、麻木，今天的生活就是在重复昨天，明天的生活也将会重复今天，周而复始的机械化生活说不出好，也谈不上不好，这种日子好像是一道丰盛的菜肴，虽然香味扑鼻，但总是感觉少了某种佐料。

两个人的焦点很大程度都维系在孩子身上，除了孩子，夫妻双方找寻不到更多的共同话题。这种情况之下，两个人的脑子里时不时会蹦出寻找新鲜生活的想法。正如心理学家所说“审美疲劳来临了”。这种审美疲劳源于长期近距离的生活，两个人太了解对方，以至于对方的一个眼神、一个姿态都知道彼此心里在想些什么，打算干些什么，两个人的关系成了单纯的维系责任和义务。当两个人出现问题和闹别扭的时候，也是各自选择去找别人沟通，而不愿意面对面地解决。

爱情也会审美疲劳，不管当初那个人让我们爱得多么死去活来，随着时间的推移，那份爱情也会逐步减淡，最后仿佛消失于无。它真的消失了吗？当然没有，它早已转化成另外一种形式而存在，成为彼此血液中无法割舍的牵挂，就像是一首歌词里写的：“给你一张过去的CD，听听那时我们的爱情，有时会突然忘了我还在爱着你……”当时的爱情被记忆冷却，但是并不代表它已经逝去，我们忘记了当时的激情，忘记了“我还在爱着你”，并不代表不爱，忘记有时候反而是一种爱的升华，因为“我还在爱着你”已经深入生活的点点滴滴，看起来云淡风轻，实际上已经水乳交融，是无论如何也分不开的了。

如果我们能把自己的“审美疲劳”换一个角度去看，那么它就变成了那个“忘了我还在爱着你”的状态，既然爱着，我们又有什么理由不进行下去呢？尽管未来长路漫漫，但是因为有爱我们便不再孤单，每一段爱情都能找到自己完美的终点。

在爱情中，最不可或缺的就是激情，最需要的就是坚守。在漫长的相偕而行的道路上，有灿烂绚丽的春天，也会有萧瑟寡味的冬天；有美好的回味，也会有无谓的争吵。没有彼此之间的包容和理解，相守就会变成一种折磨，爱情就会变成一个谎言。

·Part 06·

最好的时光，你如期绽放

当你因为梦想而竭尽全力，

当你遭遇痛苦也从未放弃，

你深知自己从未辜负过生活，

从未困于人生的迷途，

这时，

未来的一切，似乎才刚刚展开，

你发现，希望和爱从未散场。

Dream

不做下一个谁，做第一个我

世界上没有两片相同的树叶，历史上也不会有轨迹相同的两个人。与其亦步亦趋地去追寻别人，不如加大力度充实自我。当你努力把自己做到最好，你就是人生偶像剧的最佳主角。

看过一个职场新秀选拔的节目，一位刚刚走出校门的孩子向在座的评委老师描述自己的理想时说：“我要做下一个乔布斯。”话音未落，在座的各位评委就笑得意味深长。当时，乔帮主刚刚去世，一位评委就问：“你说你想做下一个乔布斯，你给我们分析分析他的成功之处在哪里呢？”那孩子理直气壮地说：“他懂得营销。”有位评委一贯和蔼，当时却有愠怒之态，提醒他：“乔布斯是懂得营销，但他绝对不是因为营销而成功的。那是因为他做出了好的产品，在业界有了独特的创新，辅之以营销，才让‘苹果’产品获得成功。”年轻人的脸上挂着愤愤不平的神态，评委的话却赢得满堂彩。

榜样的力量是无穷的，我们每个人小时候都有自己的偶像，如科学家、企业家、明星，等等。渴望成为他们那样的人，不是一件坏事，但是，有没有想过，他们为什么能够成为你的偶像？他们在成为偶像之前，是否有自己的偶像？

当你被《阿凡达》如梦如幻的巨幕3D效果惊叹得张大嘴巴久久无法走出电影意境的时候，你可知道，曾几何时，这部片子的导演詹姆斯·卡梅隆就是循着“偶像效益”的路子一头扎进电影圈子的。在14岁那年，卡梅隆看了大师斯坦利·库布里克的《2001太空漫游》，立刻被震惊了，他甚至反反复复在电影院看了10遍之多，从此在心中播下了拍摄电影的种子，并且开始用父亲的8毫米摄影机拍摄一些简陋的影片。

上大学之后，卡梅隆选择了物理系，可少年时代的电影梦并没有终结，而是在一部电影的撩拨下重新燃起。那部电影就是乔治·卢卡斯的经典之作——《星球大战》。卡梅隆激动地说：“这就是我想创造的东西啊！”从那以后，卡梅隆再也不为学业“浪费”时间了，他把所有时间和精力都用来钻研电影，镜头光学、灯光效果、转胶片、特技模型……他像走火入魔一样研习跟电影相关的一切，最终跑到了电影人梦寐以求的天堂——好莱坞。初进好莱坞时他没有拍电影的机会，就在片场打杂干零活，他甚至把自己写的剧本仅卖一美元，只为换一个执导的机会——这部电影就是他的成名作《终结者》。之后，他又拍了《异形》《第一滴血》《魔鬼之家》

《审判日》……这些都是名噪一时的好片。一路下来，他也形成了自己最鲜明的特色——完美主义。

在1997年那部著名的《泰坦尼克号》中，卡梅隆的完美主义几乎演绎到了极致。他事必躬亲，很多小事都亲自操办，他认真给特技人员画受力分析图，讲解大船沉没的原理，电影里杰克为露丝画的素描也都是他亲自动笔。他追求卓越，拍片日期不断延长，所需的投资越来越多，投资方简直要被他折磨崩溃了，而卡梅隆这个偏执的天才喊出了豪言壮语："'泰坦尼克号'可沉，《泰坦尼克号》不可沉！"正是因这种不拘一格的疯狂态度，《泰坦尼克号》才获得了国际票房18亿的傲人成绩，并且一举拿下11座奥斯卡奖杯。这样的辉煌不是凭空得来的，他被同行冠以无数"恶名"——偏执狂、自大狂、烧钱机器、暴君……然而，他不以为耻反以为荣，恰恰是这种性格让他创造了举世无双的电影屏幕奇迹。

回顾卡梅隆的成功历程，我们会发现一个有趣的事实——虽然是在两位大师的引导下进入电影圈子，卡梅隆却没有被他们的电影束缚，而是形成了自己独特的风格。这也就是我们强调的"超越"所在。不做下一个谁，做第一个我。我们难免要循着某位偶像的光芒进入某个领域、某个圈子，却不一定要被他的光芒禁锢住。我们要发挥自己的潜力和优势去成为新的偶像。

当你走进社会，走上工作岗位，在人生大舞台展现自我的时候，你会发现也有很多的"第一"值得你攀越，业绩第一、技术第一、行业第一……只要你用心，总能成为"第一"，总能成为耀眼的"自己"。绽放出你独特的光彩，你就不必活在别人的身后。你，就是你！

心灵的成熟过程是持续不断的自我发现、
自我探寻的过程，除非我们先了解自己，
否则我们很难去了解别人。

心怀善意，活出个好人格

这个世界上有一类人，他们卑微地活着，不起眼地存在着。很多时候，他们的卑微甚至让世人忽略了他们的存在。但是正如著名哲学大师黑格尔所说："存在即合理。"世界上每一个人都有他存在的价值和意义。

现实生活中，我们常常会听到这样的言论："像你这样的窝囊废，什么都不会做，活着有什么用？"这个被训斥的人真的没用吗？答案是否定的！单从家庭方面来说，这些人有父母、亲戚、朋友，他们的存在至少能给这些人带去亲情。此外，他们作为社会的一员，一定有他们值得别人学习的地方。正如孔子说的："三人行，必有我师焉！"

美国有一位教授就深谙这种哲理，他在给学生们讲课时曾幽默地说："你们需要处理好与成绩优秀者的关系，因为将来他可能是你的同事。但是，你们更要处理好和那些目前看来也许成绩不怎么样的同学的关系，因为将来他可能是那个替你投资的人。”教授的意思很明显，就是不要瞧不起任何人。就算今天你身边的那个人很不起眼，说不定将来他就是那个能够决定你命运的人。这也是我们常说的：“未来是不可预知的。”既然不可预知，就不要看不起身边的任何人。相反，还要善待身边的每个人，这就好像是为自己埋下一颗友善的种子，在关键时刻这颗种子也许能发挥出巨大的作用，帮助我们渡过难关，走向成功。

日本佳能公司的开创者之一御手洗，他的第一份工作竟然是在北海道大学附属医院给妇产科医生做助手。当时的他可谓是平凡至极，谁能想到他日后竟然能取得如此大的成功呢？还有中国台湾商界的巨擘王永庆，作为台塑集团的创办人，他被誉为台湾“经营之神”。可是王永庆小时候过的生活却十分艰难，他甚至还在海道茶园做过杂工。如果当初同御手洗在妇产科医院工作的医生们耻笑他只能做一份助理的工作，或者有人嘲笑王永庆家境贫寒，那么当看到御手洗和王永庆取得的成绩时，那些人一定会羞愧得无地自容。

这个世界上，并不存在永远绝对的事情。任何一个人、任何一件事情都有其存在的合理性，也有其存在的价值。所以说，我们一定要善待周围的人和事，要尽力帮助别人，使得每个人的价值都能在这种善意的环境中得到实现，这才是造物主赐予人类成功的敲门砖。

安托希・苏钦斯基是个住在波兰边境的乌克兰农民，他非常善良，连一只苍蝇都不忍心打死，全村人都嘲笑他。1941年，希特勒的军队攻入扎布罗夫村，把村子里的犹太人一车车地运到了灭绝人性的集中营。苏钦斯基仅凭自己的两只手，在自己的农舍下面挖了个地洞，在地洞里把一家犹太人掩藏了两年。这家人姓蔡格，是一对夫妇还带着两个儿子。一天，苏钦斯基听说纳粹分子将要带着猎犬到农庄进行搜查，于是，这天晚上他没有睡觉，他把厕所里的粪便铺在地上，又撒上胡椒，这样一来，猎犬就闻不出人的气息了。所以，德国人来了之后并没有找到蔡格一家。1944年，蔡格一家人重获自由后，去了美国。此后的很多年里，蔡格家经常寄食物和衣服给苏钦斯基。1987年初，蔡格的儿子雪莱成了一位成功的商人。1988年6月，蔡格一家人44年来第一次回到扎布罗夫村。村民们齐声欢呼，场面热闹非凡。“从他们脸上的表情可以看出，”雪莱·蔡格回忆说，“苏钦斯基，这个傻瓜，现在已是公认的英雄人物了。因为在这些人当中，是他做了应该做的事。”“不过最重要的是，”雪莱·蔡格说，“这些事给世人以启示，就是善有善报，为善者将使人永世不忘。”

苏钦斯基看似一个傻瓜，但是他的所作所为却表现出了英雄一般的气概。这就说明了一个问题：就算是那些看起来智力有问题的人，他们的存在也是有价值的，就更别说那些四肢健全、心智健康的人了。

我们活在这个世上，如果想要留下足迹，光靠一个人的力量是不行的。牛顿就曾说：“我之所以站得高，是因为站在了巨人的肩膀上。”这就说明了一个问题：每个人的存在都有价值，只是在于价值的大小罢了。

Dream

用不着跑在任何人后面

平庸并不是天生的，而是由于我们自身缺乏对美好事物的坚持造成的。人必须处于不断地更新之中，不断地进行新的自我策划，才能在不断地成长中脱胎换骨，成就最好的自己。

一个人如果希望在别人的心目中确立自己的地位，获得尊敬，得到好评与赞许，那么就应该在学习、工作中更加认真、积极，更富有责任心，全力以赴地完成每一件能够让自己成功的事，那么他就会在这种看似平凡的举动中变得不平凡起来。因为他的信念就是要做最好的自己，用不着跑在任何人的后面！

理查·派迪是运动史上赢得奖金最多的赛车选手之一，在他的一生中不知经历了多少个惊心动魄的瞬间，经历了多少次难忘的比赛，然而其中最令他难忘的却是第一次赛完车回来向他母亲报告赛车结果时的情景。当时他兴高采烈地冲进家门大喊：“妈妈，我赢了，我跑到了第二名！”

“你输了！”母亲回答道。“但是，妈妈，我跑到第二已经很优秀了，这是一个有那么多赛车手参加的比赛，一共有35辆车呢！”“理查，你用不着跑在任何人的后面！”母亲厉声道。

用不着跑在任何人后面。因为这句话，让查理在接下来的20多年中，逐渐称霸赛车界，他创造的许多纪录到现在也无人能及。

事情往往就是这样简单，一旦你下定决心要取得第一，要做最好的那一个，你就一定能取得不可思议的突破。因为你为自己设定了一个更高更好的自我，这个自我是无法超越的，所以你需要一直处于一种不断追求、不断突破的境界中，这样你本身就已经无可替代和超越了。一旦你处于这样一个境界中，还有谁能企及呢？

因此，每一个想要获得成功的人，都应该尽力提升成就自我的动机，将自我放在一个更高的水平上，策划一个更好的自我，你的动机越强烈便越能拥有更多的动力，也更容易成功。人之所以会平庸，正是因为没有将提升自我纳入日程。虽然每个人都会有对成功的渴望，但是大部分的人都没能顺利完成，最终让自己流于平庸。

想要成为最好的自己，就必须将“平庸”的意识从自己的人生字典中删去。让自己时刻处于一个自我更新的过程当中，每天都能看到新变化、新成长，在别人毫无察觉的情况下，你已经脱掉往日平庸的旧躯壳，让一个崭新的自我闪闪发光了！

志在顶峰的人，决不会因留恋半山腰的奇花异草而停止攀登的步伐。
我们不要努力成为一个成功者，要努力成为一个有价值的人。

Dream

知道自己去哪，全世界都会为你让路

在太阳底下，只要把凸透镜的焦点聚集到火柴头上，就能把火柴点燃。在通往成功的道路上，我们同样需要聚集力量和目标，朝一个方向奔跑。

农场主丢了两头牛，他吩咐仆人四处去寻找。仆人出去了大半天也不见回来，农场主只好出去看个究竟。农场主来到一片田地时发现了仆人："你在干什么？牛找到了吗？"仆人回答："我在找牛的时候无意中发现了两头鹿，鹿茸可比牛值钱多了，所以我决定去捉那两头鹿，不去找牛了。"农场主接着问："那你捉到鹿了吗？"仆人答："我先去追朝东跑的那头鹿，谁知它跑得比我还快。不过请您放心，我记得朝西跑的那头鹿脚有点瘸，现在我就去追它，相信会捉到的。"

不知道天真的仆人有没有想过，即使那头鹿有点瘸，它也不会待在原地不动等着他来捉。仆人找牛的最终结果必定是两手空空，牛和鹿都捉不到。

现实生活中，像仆人那样顾此失彼的人又何尝少？绕道而行虽然有时可以避开很多障碍，可是就在我们绕道的同时，也选择一条更远的路，选择了离目标更远的一段征程，而且在这条路的尽头是否就有我们想要的成功还不可预知。

汤姆斯准备拿出10万美元投资办一家煤气厂。由于对煤气厂的经营管理不专业，不久后煤气厂就开始亏损，汤姆斯只好低价把煤气厂转让出去，然后办起了煤矿厂，可是这次他仍然很不走运，采矿机械的耗资太大了，汤姆斯根本就支付不起。于是，汤姆斯把在矿厂里拥有的股份变卖，又转入了煤矿机械制造业。没受过什么教育的汤姆斯对机械制造根本就是一窍不通，不久之后，汤姆斯实在支撑不了制造厂的花销，只能关闭机械制造厂。就这样，汤姆斯在多个目标之间徘徊，最后落得个财空且一事无成。

汤姆斯的故事就好像是我们小时候多次听到过的那个狗熊掰玉米的故事，雄心勃勃却半途而废。

意大利著名男高音歌唱家卢西亚诺·帕瓦罗蒂大学毕业后，面临职业选择。他上的是师范学校，所以他很想当一名教师，可是他又非常热爱唱歌。在他犹豫不决的时候，他的父亲就开导他说：“帕瓦罗蒂，如果你想同时坐两把椅子，你只会掉到两把椅子之间的地上。想要做出点成绩，你只能选择一把椅子，这样才能坐得稳、坐得久。”

之后，帕瓦罗蒂选择唱歌。作为一个名不见经传的小子，帕瓦罗蒂想要出人头地并没有那么简单。经过了7年的艰苦学习，帕瓦罗蒂才有机会登台演出。又经过7年，他终于进入大都会歌剧院。在谈到他的成功经历时，帕瓦罗蒂说：“不论是砌砖工人，还是作家，不管我们选择何种职业，都一定要有一种坚持不懈的专注精神，只要选定一把椅子就要专注地坐好。”

伊格诺蒂乌斯·劳拉还有一句名言：“一次做好一件事情的人比同时涉猎多个领域的人成功的机会大得多。”成功很多时候就是需要我们把所有的精力都集中在一件事情上，这样才能不分散精力，才能增加获得成功的机会。

Dream

目标不是目的地

你的目标是什么？你的目的地又是什么？如果你的答案是相同的，那么你的人生发展是存在局限性的，或许你能够取得一定的成功，但你很难一直、不断地取得更大、更辉煌的成功。要谨记，目标不是目的地。唯有如此，你的人生才有可能无限辉煌。

在人生的道路上，目标从来就不是目的地。对于渴望成就和实现自我价值的人来说，他可能有目标但从来就没有目的地，他总是在达到一个目标之后又朝着另一个更加远大的目标再出发。谁要是将目标当成了目的地，谁就停止了前进、奋斗的动力，而他的人生也将从此碌碌无为。

雅琪的生活不算好也不算坏。大学刚毕业的时候，她也像无数年轻人一样有过远大的目标，那时的她给自己订立的目标是——3年内通过工作积攒到30万元存款和足够的社会经验，然后开一家属于自己的造型工作室，并将之发展成为经营状态稳定的中型工作室。那几年她过得很苦、很累，但也很充实，不过一切的付出都是有回报的，她像自己预期的那样挣到了30万，也成功地让自己的造型工作室在市场中站稳了脚。拥有这样成就的她无论是在朋友还是在同学中都是数一数二的。

目标达成了，雅琪过起了悠闲的生活。每天做做美容、逛逛街、管教一下孩子、去造型工作室露个脸、看看爸爸妈妈，似乎这就是她生活的全部。

平淡的生活中，雅琪终于迎来了不平淡的一天——大学同学毕业10周年聚会。那天，雅琪细心地打扮了一番，便去了。离说好的时间还有10分钟，很多人都已经到了，但最拼搏、最有成就的3个人中只有雅琪到了，另外两个——肖腾、曹静都还没来。同学们热情地给雅琪打招呼："大忙人，这么早就到了？"雅琪笑了笑，想着："忙什么啊，一点都不忙，目标几年前就达成了，真不知道忙什么。"

肖腾和曹静是最后来的，两人一到就连声道歉说："对不起，对不起，实在太忙了，大家见谅啊！"有同学打趣说："你们二位一位是公司老板了，一位是CEO了，还忙什么呢？交给手下人不就可以了？"肖腾说："我是CEO，但我现在的目标是业内金牌CEO，得努力呀！"曹静也笑着说："可不是，小公司老板和大公司老板可是大不一样。我啊，现在的目标是在省内成立3家分公司。最近刚好在筹办一家分公司，有点儿忙，你们见谅了。”

听着肖腾和曹静的话，雅琪不知道该说什么才好。原来这么多年，当初最优秀的3个人中只有自己仍在原地踏步。

雅琪将目标当成了目的地，因此止步不前。而肖腾和曹静谨记着“目标不是目的地”，他们在达成一个目标以后又迅速地朝着另一个更加远大的目标出发了，因此他们在取得成功以后还会取得更大、更辉煌的成就。

人生的道路上，你可以有无数个目标，但不可以有一个目的地。一旦你为自己定下了目的地，你的人生也就在此停留，前方那些更加硕大的成功果实都将与你无缘。

Dream

勇敢去做那个你想成为的人

走自己的五环路，让别人打车在三环上堵着吧。如果太在意别人怎么想，就生活在别人的阴影中，时刻提醒自己：这是我的人生，而不是别人的。

美国的科学奇才费曼和他的妻子猫咪（费曼的第一任妻子艾琳的昵称）关系很好，他的妻子很开朗，总有玩不完的花招，令他们的生活充满情趣，朋友们都视他们为典范。

费曼在普林斯顿工作时，有一天收到了一盒妻子寄来的铅笔，上面还印着金色的字：“理查德亲亲！我爱你。猫咪。”

费曼心里流过一阵暖流，他非常喜欢这份礼物，简直有些爱不释手。但他又想：“万一与人讨论问题或者不小心忘在桌子上被人看见，别人会怎么想呢？”他思来想去，还是不好意思用这些铅笔。可是，当时物资匮乏，费曼舍不得浪费，只好刮掉铅笔上的字再用。

没过多久，费曼又收到了一封妻子的来信。信的开头这样写道："你把铅笔上的字刮掉了吗？这算什么？你难道以拥有我的爱为耻吗？"下面用大写字体写着："你管别人怎么想！"

这段话让费曼很受震动。后来，他结合自己一生的经历写成了一本书，记述了他和妻子的感情、生活轶事和他自己在科学上的重大突破，这本书就是《你管别人怎么想》。

在我们的"轨道"内，坚持自己的原则，听从自己的心意行事即可，如果太在意别人怎么想，往往会自找麻烦。毕竟，你无法做一个人人都喜欢的"橘子"，别人爱吃香蕉，爱吃芒果，那不是你的过错。开心地接受自己，遵从自己的"心"，不必试图让每一个人都对你满意。

Dream

别让明天的烦恼苦了今天的自己

世间没有什么比忧虑更吞噬人的肉体。忧虑如同慢性毒药，会使我们变得难看、无奈、悲苦，会让我们愁眉苦脸，甚至一夜白头。而解毒的良方，就是培养阳光心态。

著名作家毕淑敏有一篇文章，叫《提醒幸福》，其中就有这样的句子：我们已经习惯了提醒，提醒的后缀词总是灾祸。灾祸似乎成了提醒的专利，把提醒也染得充满了淡淡的贬义。我们已经习惯了在提醒中过日子，看得见的恐惧和看不见的恐惧始终像乌鸦盘旋在头顶。

在皓月当空的良宵，提醒会走出来对你说：注意风暴。于是我们忽略了皎洁的月光，急急忙忙做好风暴来临前的一切准备。当我们睁大眼睛枕戈待旦之时，风暴却像迟归的羊群，不知在哪里徘徊。当我们实在忍受不了等待灾难的煎熬时，我们甚至会恶意地祈盼风暴早些到来。

在许多夜晚，风暴始终没有降临。而我们却辜负了如银的月光。

……

这就是经常忧虑的人的常态。在他们眼中，世界是灰蒙蒙的，忧虑是生活的常态。他们担心家财被盗，担心出门爆胎，担心明天生病，担心工作不保，担心儿女学习……他们口中，最常说的就是“万一……”“小心……”“我怕……”。

他们是忧虑的寄主，一天24小时，除了睡觉大多时间都紧锁眉头，很少知道快乐是什么滋味。

其实他们不知道，大多忧虑都是不必要的。为了这些莫须有的负面可能，他们赔上了许多的快乐和幸福，这是多么愚蠢的事情！

有段时间，纽约的物价管理委员会监察得很严，对所有石油公司卖给每一个顾客的油量，也都有明确的限制。

可是，有一个石油商人的公司内部，却出了点小纰漏。有一些运货员减少卖给顾客的油量，然后再把偷剩下来的油卖给其他顾客，谋取私利。当然，这个石油商人并不知道这些猫腻。

有一天，有个自称政府调查员的人找到石油商人，向他索要红包。那人说，他掌握了石油商人运货员舞弊的证据，如果他不破财免灾，他就要把证据转交给检察官，让他的公司破产。石油商人调查了一番后，发现公司内部确实有这种不法的买卖，吓坏了。

石油商人连续三天三夜吃不下睡不着，一直苦苦思考怎么解决那件事情。他是该付一笔贿赂，还是不理那个人，听任他把对自己不利的证据移交法院？他不知怎么做才能圆满地解决这件事情，真是愁坏了。

又过了几天，他终于决定了——去见地方检察官！他把整个事情的经过原原本本地告诉了检察官。

结果出乎意外。地方检察官非但没有惩罚他，反而对他说，这种勒索的案子他已经接了好几起了。那个自称是政府调查员的人，实际上是个通缉犯。至于员工偷卖油的行为，由于石油商人并不知情，因此免于处罚。听了这番话，石油商人才大大地松了一口气。

生活中大部分的忧虑都是不必要的。正如猫不会担心明天捉不到老鼠，狐狸不会因自己只有一个树洞而烦恼，狗也不会因为没有足够的骨头而失眠。我们要学会积极乐观地面对一切，不要让忧虑缠身，侵蚀了原本快乐幸福的生活。

某权威杂志曾对5000人忧虑的事情做过调查，结果是：

40%的忧虑其实根本不会发生；

30%的忧虑是过去发生的，无法改变；

12%的忧虑来源于别人，无法控制；

10%的忧虑与自身健康有关，越担忧问题反而越严重；

仅有8%的忧虑能列入“应该担忧”的范围。

由此可见，大多数人都在忧虑这个问题上犯过很大的错误！

其实生活中有很多小事根本就不值一提，别人根本没有在意或早已忘却，只有你还耿耿于怀。人们总是想让自己更完美，试图让所有事情都掌握在自己手中，却忘了这样只会加重心理负担，给自己造成不必要的麻烦。不妨看开些，这样才能让心情无忧，让生活更快乐。

Dream

当下的你就是最好的

释迦牟尼曾说过："不悲过去，非贪未来，心系当下，由此安详。"简单的十六个字，便揭示出了幸福的真谛：一切随缘，活在当下。

何谓当下

常听人说要"活在当下"，那到底什么是"当下"呢？按照英文的解释，当下是"real time"；而按照中文的理解，"当下"则应该是"眼前的人和事"。所谓"活在当下"，就是告诫我们要把注意力集中在"此时此地此人"上，心无旁骛地投入自己，去体验、去感受、去做。

过去没有任何事情发生，所有的事情都发生在当下。未来也不会发生任何事情，所有的事情都只会发生在当下。所有的时间都是由"当下"构成的。脱离当下，便脱离了所有的现实和可能，一切都是虚妄。

过去属于死神，未来尚不可知。唯有把握好当下，才能让过去无悔，让未来无忧，这才是真正拥有阳光心态的智慧人士的选择。

活在当下才能无悔无忧

活在当下，便不会对过去已发生的事无谓计较，所以无悔；便不会对未发生的事无谓担心，所以无忧。而一个能无忧无悔活在当下的人，就没有什么可以拖住后腿，也没有什么可以强迫往前。所有的能量都会集中在当下这一刻，生命因此便具有一种巨大的张力，可使人全身心投入，使生活和事业都迸发出夺目的光彩。

举世闻名的指挥家托斯卡尼尼80岁时，儿子好奇地问他："您觉得您这一生中，做过的最重要的事情是什么？"托斯卡尼尼想了想，回答说："我现在正在做的事，都是我一生中最重要的事——不管是在指挥一个世界著名乐团，还是在剥一个橘子。"

把当下的事情当成最重要的事情，努力做好，其实是取得成功的捷径。这话听起来简单，真正做起来却很难。阳光心态要求我们活在当下，集中精力专注眼前，这本身就暗合了成功之道。虽然我们并不汲汲于成功，但只要真正做到活在当下，那成功作为副产品也会随之而来了。

活在当下，还能让我们更好地体味生命的美好，哪怕死亡即将到来也无所谓。因为就算是死亡，那也是下一刻的事情，而我们一直活在此时此刻。死亡有什么好怕的？当我们存在时，我们就还没死；而当我们死亡后，我们就不存在了，又担心什么呢？

一个饥渴、困顿的旅人，在荒原上被一群狼追赶着。旅人拼命奔逃，慌不择路。忽然，他看到前面有一口枯井。旅人毫不犹豫地跳入井中。就在他坠落的瞬间，他突然发现井底满是毒蛇。它们瞪着亮晶晶的小眼睛，吐着信子，满怀期待地等着送上门的美餐。

闪念间，旅人看到井壁上长出了一棵小树，他忙一把抓住。就在他刚想松一口气时，耳边传来一阵“嚓嚓嚓”的声音——一群不知从何而来的老鼠，正在狠狠地咬着那棵小树的根部！看样子用不了多久，小树就可能被咬断。

这时，他看到小树的叶子上，淌下来一滴晶莹的蜂蜜。

他仰起头，凑近叶子，全神贯注地舔着那滴蜂蜜。他忘却了眼前的一切危险，只是全身心地投入眼前的甜蜜中……

我们每个人都是那个旅人，狼群意味着过去的挫折、失败，毒蛇意味着未来的不安、困苦，而老鼠则意味着一刻不停地流走的时间。既然过去无法追溯，未来不可预知，那何不在唯一可以掌握的当下，去心无旁骛地品尝甜美的蜂蜜呢？

学会享受当下

有这样一个故事：

一个年轻人正在河边等待心爱女孩的到来。他们约好了上午11点见面，可眼看11点10分了，女孩还没有踪影。年轻人许愿说：“我实在太爱这个女孩，我最大的幸福就是马上见到她，然后赶紧求婚，然后我们赶紧结婚、生孩子，然后赶紧一起白头偕老，这样我的一生就圆满了。”

神听到他的祷告，马上把女孩带到了他身边。他喜出望外，果然马上求婚、结婚、生孩子、操持孩子长大、给孩子结婚，一切像是走马灯一样仓促旋转，然后他走到了生命的尽头。

弥留之际，神问他：“这就是你要的幸福吗？”老人摇了摇头：“不，我好像一直被催着、赶着，还没来得及好好体味和老伴在一起的感觉就要死了。如果能重来一次，我一定学会享受当下，哪怕是漫长的等待，也会好好去体会那一份期待的心动。”

神笑了，一挥手，老人睁开了眼睛。他还在河边，刚才原来是一场梦。他不再心急火燎地团团转圈了，而是安静地坐下，倾听自己的心跳，欣赏着周围的美景，等着女孩的到来。

当下是唯一可以把握的时刻，安心地享受当下是一种阳光心态。每一个当下连成了过去，连接了未来。如果能真正让当下无悔、快乐，那一生也会变得安宁、幸福。

有人问一个禅师，什么是活在当下？禅师回答，吃饭就是吃饭，睡觉就是睡觉，这就叫活在当下。

这个人又问：“什么事情是最重要的？”禅师回答：“现在你做的事情。”

“什么时间是最重要的？”“现在。”

“什么人是最重要的？”“现在和你一起做事的人。”

现在连接着过去和未来，如果你为现在后悔，你既失去了未来，又联不上过去，你能够把握的只有现在。

库里希坡斯曾说：“过去和未来并不是‘存在’的东西，而是‘存在过’和‘可能存在’的东西。唯一‘存在’的就是现在。”有滋有味地度过每一天、每一秒，就是人生最大的成功了。我们都应该努力对自己当前的现状满意，相信每一个时刻发生在你身上的事情都是最好的。用一种平和的心态面对当下的人和事，学会理智地把握当下。

谚语说，一鸟在手，胜过三鸟在林。今天刚钓到的一条鱼，也比昨天已经发臭的两条鱼和明天可能钓到的三条鱼更有价值。我们都是凡人，应当抓住能抓住的，享受能享受的，若非如此，也就失去了当下的快乐。宋代词人朱敦儒有一首《西江月》，也是劝解人们活在当下的金玉良言，以此与大家共勉：

日日深杯酒满，朝朝小圃花开。自歌自舞自开怀，无拘无束无碍。

青史几番春梦，黄泉多少奇才。不须计较与安排，领取而今现在。

Dream

喜欢什么，就会成为什么

很多人不成功，并不是因为他不够优秀，而是因为没有把自己的优秀用对地方。在这个世界上任何事情的成功都是有条件的，而最先决的条件便是，这件事是你能做好并且非常感兴趣的。

每个人在追求成功的道路上所花的力气是不一样的，这取决于你是否把自己的才能用对了地方。你要相信自己的能力，但同时也要相信在这个世界上并不是所有的事情都是你能做的，别人可以办到的你未必办得到；相反，别人办不到的，你可以做得很好。

很多年轻人在一开始工作的时候，都不知道自己该做什么，于是大多数人选择了自己并不喜欢的事情来做。

曾经有一位做得不错的工程设计师，不喜欢自己的本职工作，一直想要转行，然而却迟迟下不了决心。因为工程设计是他的专业，他已经学了二十几年，在这份工作上他游刃有余。如果突然换一份别的工作，他也许会无所适从，觉得很不适应。而且，他并不能保证在换过工作之后就能成功。因为他只知道他对目前的工作并不满意，可他又不知道什么才是自己真正喜欢的，更重要的是，这关系到他的生计问题，他不能为此而冒险。

现实生活中，很多人都有着同这位工程师一样的心境，他们厌倦目前所从事的工作，但是同时出于各方面的考虑，又不得不继续从事目前所做的行业，这行业并不能带给他们任何成就感，对于他们而言这些都只不过是一种谋生的手段而已。他们为自己不喜欢的工作浪费了大半的时间，除了得到劳动报酬之外，还有几许失落感。

这样说并不是要大家现在立刻辞职去贸然做出新的改变，而是说起码应该找到自己的兴趣点，唯有如此你才能从工作中获取更多，让自己更觉得有成就感。

当然，除了自己喜欢之外，你所从事的事业还必须是你的能力可以驾驭的。不切实际的幻想并不能产生价值和成绩，唯有你自己真正能做到的才能给你带来巨大的收益。

诺贝尔化学奖的获得者奥托·瓦拉赫的人生就是这样。小的时候，他选择了文学作为他的发展方向，然而他的老师给他的评语却是：难以造就的文学之才。

后来，他又把方向指向了油画，然而无论他怎么努力，他的绘画成绩永远都是倒数第一！

瓦拉赫做了许多不同的尝试，他的所有学科成绩都不怎么理想。除了他的化学老师之外，几乎所有的老师都认为这个学生简直“笨拙”到了极点。

没错，也正是他的化学老师将他引上了化学研究之路，因为他发现这个“笨拙”的学生严谨踏实，具备非常好的实验素质。也正是这一条道路将瓦拉赫带到了科学的最高领奖台上，最终成为诺贝尔化学奖的获得者。

但凡成功的人几乎都是在经营自己的长处，因为他知道自己能做什么，并且能做到最好。不仅是瓦拉赫，伟大的科学家爱因斯坦也是这样。20世纪50年代，在科学领域取得了辉煌成就的爱因斯坦得到了世界人民的尊重。他甚至收到以色列当局的委任状，恳请他回去就任以色列总统。

爱因斯坦当然知道当总统是多么光荣的事情，但是也清醒地意识到自己根本就不是那块料。正如富兰克林所说：“宝贝放错了地方便是废物。”做自己能做的事情才能将事情做好，这才是成功的关键所在！

我们每天都有许多事情值得去做，但有一条原则不能变，那就是一定要做你真正想要做的事。

人终究是要成为更好的自己，
在这条人生之路上，
我们永远是自己的主角，
无须在别人的戏剧里充当着配角。

Dream

悦己，是一种态度——像香奈儿一样做自己

发现你自己，你就是你。记住，地球上没有和你一样的人。在这个世界上，你是一种独特的存在。

女孩6岁的时候失去了母亲，几年后，父亲也自私地抛下她独自去了美国。没有生存能力的女孩只能跟着姨妈一起生活。姨妈开了一家裁缝店，她就在店里做些缝缝补补的事情。其实从母亲去世起，她就已经学会最基础的缝纫技术。女孩心中有朵小小的火花，希望有一天能亲手做一套自己喜欢的衣服。但是没人欣赏她，就连姨妈都小看她。但她出色的审美，是连苛刻的姨妈都曾称赞过的。可这又有什么用？她的审美在巨大的生存压力面前根本不值一提。

16岁那年，姨妈打算把女孩送到修道院，因为没有她的生活会宽裕许多。女孩偷听到了姨妈和修女的对话，哭着偷跑了出去。她

一口气跑到附近的山上，一边喘气一边哭泣。她实在不明白，自己帮了姨妈很多忙，没有白吃白喝，为什么姨妈还是要残忍地抛弃自己。“我妈妈离开我，我父亲不要我，我姨妈要扔了我，全世界都不喜欢我。我会缝纫、会裁剪，甚至会设计服装，为什么要遭遇这样的命运？我难道这么差劲吗？什么时候能有自己的天地？”女孩一遍遍问自己。

要回去吗？还是就这样离开姨妈家？如果回去，一定会被修女带走。可不回去，该去哪里呢？她身无分文，哪里也去不了。最后女孩还是选择了回去，跟修女去了修道院。在那里，她仍然需要做一些最简单的缝纫工作。所幸的是，这些工作让她获得了报酬，有了点积蓄。

靠着这点积蓄，女孩开了家属于自己的服装店，专门出售自己设计的女装。当时的女装风格单调乏味，全都是有着紧紧束腰带的厚重裙子，从脖子包到脚。女孩厌烦了这种穿着，她将束紧的腰带取下，换上了可以凸显女性曲线的贴身衬衫，这种衬衫大胆地露出了女性纤细的脖子；她脱了沉重的裙子，换上了利索的裤子，而且露出了性感的脚踝。

这种服饰一经推出就在时尚界掀起了轩然大波，如此出位的服装前所未有。裸露脖子的衬衫和露出脚踝的裤子，不仅穿着起来方便舒适，也展现出女性干练的一面，是具有时代意义的服装。不，这不单纯是服装，而是思想，是女孩渴望甩掉束缚、展现自己、学会欣赏自己的开放思想。

很快，女孩的服装就成为潮流的一部分。媒体对她争相报道。有一次，一家著名的时尚栏目采访她，记者问："这次还是黑色主题吗？黑色想表达什么？"

女孩能从记者的口吻里听出轻蔑和不屑，好像那位记者非常不情愿来采访她一样。但她一如既往地沉着，"黑色是经典色，沉稳大方，最抢眼，也能遮盖女性身材上的瑕疵。"

"听说您小时候一直给人当裁缝的吧？还在修道院待过。就这个起点来说，您现在真是干得不错了。"记者还是那么傲慢，也许是因为眼前这个女孩没有好的出身和背景，也没有在专业院校学习过，给人的感觉并不权威。

女孩坚定地笑了笑说："不管是过去，还是现在，我都朝着更远的地方看。如果没人欣赏自己，就自己欣赏自己吧。"

女孩又想起了在姨妈家和修道院做缝纫工作的日日夜夜，她为了得到一句认可，起早贪黑地工作，双手长满了血泡，血泡又变成了老茧。可到头来，人们说得更多的是"谢谢"，而不是"真漂亮"。她无数次失望，又无数次重新振作。既然没人认可，就做到让自己认可的程度。抱着这样的信念，女孩一次次修改自己的设计，一次次重复那些已经熟烂的基本功。

20年后，女孩用自己的名字命名的服装终于在市场占据一席之地，她的名字或许被人遗忘了，但她的服装品牌却历久弥新。久而久之，人们只知道这个品牌，却不知道这个品牌本身就是女孩的名字。这个品牌叫香奈儿，女孩儿叫加布里埃·可可·香奈儿。

人有了物质才能生存，
而有了理想才谈得上生活。
生存与生活最大的不同就在于此。

Dream

你就这样惊艳了时光

幸福是一种感觉，它不取决于生活状态而是取决于人的心态。“知足者常乐”，当你用知足乐观的心态去生活，定将成就最好的自己，定将这样从容地惊艳了时光。当心态的天平趋向于苦求的时候，我们的内心就会品尝生活青涩的果实；当心态的天平向积极乐观靠拢的时候，那么内心的愉悦就会将我们紧紧包围。

林肯说过：“我一直认为如果一个人决心想获得某种幸福，那么他就能得到那种幸福。”幸福和不幸福之间的差异很小，就在于悲观和乐观的心态；幸福和不幸福之间的差异又很大，原因是两种心态很难被摆正。悲观者眼中没有幸福，因为绝望的双眼把幸福的因素毫不留情地过滤掉了；乐观者眼中处处都是幸福，因为探索的双手紧紧抓住了一次又一次幸福的机会。

女人A和女人B同时嫁给了一对孪生兄弟，兄弟俩长相一样、脾气一样，家庭境况也一样。

女人A成天唉声叹气地认为自己嫁错了人，由于家庭穷苦，丈夫早出晚归地出去打工，加上工作的辛苦，男人总是会莫名其妙地发脾气。丈夫的这种情况让女人A对这段婚姻失望透顶，本以为找到一个好归宿的自己却犹如掉进了万丈深渊，只剩下痛苦的滋味时刻折磨着她。

女人B却整天乐乐呵呵，在她心里，丈夫的外出打工是为了养家糊口，是丈夫表达对妻子和儿女的一种爱的方式。当丈夫由于劳累而大发脾气的时候，女人B总是在默默承受后对丈夫进行开导，看到丈夫心情好转后，女人又开始笑了，因为让心爱的丈夫微笑也是自己的一种幸福。

女人A和女人B两种截然不同的态度引起了一位教授的注意，他来到这两个贫苦的家庭进行了调查和研究。研究的结果显示：女人A出于对婚姻的绝望和对丈夫的厌恶已经提出了离婚，等待女人A的是离婚后的孤独生活；女人B热爱着生活，热爱着家庭，小日子过得虽然清贫却有滋有味。教授最终得出的结论是，女人内心的态度直接影响到她对幸福的感受程度，然而幸福还是不幸完全取决于女人选择悲观还是乐观。

当生活可以选择时，我们不妨试着改善一下心态去判断自己想要的是幸福还是痛苦。每个人都有权利去选择幸福与否，如果内心充满痛苦和苦难，你感受到的自然是痛苦；如果内心充满幸福和美满，你感受到的自然是幸福。

终于等到你，还好我没放弃

文图编辑：杨　静
美术编辑：何冬宁
封面设计：何　琳
版式设计：何冬宁
插图绘制：多多卡通